Excel数据分析大百科全书 | 建模篇

韩小良 ◎ 著

数据自动化分析

Power Query之M函数入门与实战应用

▶ 案例视频精华版

中国水利水电出版社
www.waterpub.com.cn
·北京·

内 容 提 要

除了通过可视化操作界面来使用Power Query解决数据整理和汇总统计分析问题，Power Query还有一个更加强大的技术：M函数公式。基于实用性第一的原则，本书从常见的数据处理角度出发，介绍在数据处理和基本统计分析中常用的M函数及其应用。

本书共分10章，以Power Query的M函数类别为主线，结合85个来自培训咨询第一线的实际案例，录制了21集共125分钟的教学视频，对Power Query M函数的重要知识点、重要案例进行详细讲解，包括文本函数、日期函数、时间函数、数字函数、列表函数、表函数和数据访问函数等，以便让读者快速掌握Power Query M函数处理数据与建模的相关知识与技能。本书还赠送30个函数综合练习资料包、75个分析图表模板资料包、《Power Query自动化数据处理案例精粹》电子书等资源，帮助大家开阔眼界，参考借鉴。

本书适合具有Excel基础知识的各类人员阅读，特别适合经常处理大量数据的各类人员阅读。本书也可作为大专院校经济类本科生、研究生和MBA学员的教材或参考书。

图书在版编目（CIP）数据

数据自动化分析：Power Query 之 M 函数入门与实战应用：案例视频精华版 / 韩小良著. -- 北京：中国水利水电出版社，2025.5. --（Excel数据分析大百科全书）.
-- ISBN 978-7-5226-3262-9

Ⅰ．TP391.13

中国国家版本馆 CIP 数据核字第 2025P8C904 号

丛　书　名	Excel数据分析大百科全书
书　　　名	数据自动化分析：Power Query之M函数入门与实战应用（案例视频精华版） SHUJU ZIDONGHUA FENXI：Power Query ZHI M HANSHU RUMEN YU SHIZHAN YINGYONG（ANLI SHIPIN JINGHUABAN）
作　　　者	韩小良　著
出版发行	中国水利水电出版社 （北京市海淀区玉渊潭南路1号D座　100038） 网址：www.waterpub.com.cn E-mail：zhiboshangshu@163.com 电话：（010）62572966-2205/2266/2201（营销中心）
经　　　售	北京科水图书销售有限公司 电话：（010）68545874、63202643 全国各地新华书店和相关出版物销售网点
排　　　版	北京智博尚书文化传媒有限公司
印　　　刷	河北文福旺印刷有限公司
规　　　格	170mm×240mm　16开本　13.75印张　264千字
版　　　次	2025年5月第1版　2025年5月第1次印刷
印　　　数	0001—3000册
定　　　价	79.80元

凡购买我社图书，如有缺页、倒页、脱页的，本社营销中心负责调换
版权所有·侵权必究

前言 PREFACE

我的第一本专门介绍 Power Query 的专著《Power Query 智能化数据汇总与分析》面市以来，受到了广大读者的热烈欢迎和好评。Power Query 友好的可视化操作界面、简单易行的操作步骤，可以用来快速整理加工数据，迅速汇总计算大量工作表数据，让每个使用 Power Query 的人体验到前所未有的快捷和高效。

除了通过可视化操作界面来使用 Power Query 解决数据整理和汇总统计分析问题外，Power Query 还有一个更加强大的技术：M 函数公式。尽管这些 M 函数公式看起来非常神秘，尤其是某些类函数很难理解，但对于常见的数据整理和统计分析问题来说，了解和掌握一些基本的 M 函数就够用了，例如处理文本、处理日期时间、处理数、处理列表、处理表等。这些函数从函数名称上就很容易理解，例如 Text.Remove 函数就是处理文本（Text）数据的，功能是剔除（Remove）指定的字符；Date.QuarterOfYear 函数就是处理日期（Date）数据的，功能是获取年的季度数（QuarterOfYear）。大部分的 M 函数语法不复杂，很容易掌握，也很容易应用到实际数据处理中。

● **本书特点**

视频讲解：本书录制了 21 集共 125 分钟的教学视频，对 Power Query M 函数的重要知识点、重点案例进行详细讲解，手机扫描书中二维码，可以随时观看学习。

案例丰富：85 个来自培训咨询第一线的实际案例，通过这些案例来学习 Power Query M 函数，快速掌握 Power Query M 函数处理数据与建模的相关知识与技能。

速查手册形式：本书按照 M 函数类别进行介绍，并设计为速查手册结构，方便读者快速查询某个 M 函数及其应用。

在线交流：本书提供 QQ 学习群，在线交流 Excel 学习心得，解决实际工作中的问题。

● **本书内容安排**

基于实用性第一的原则，本书从常见的数据处理角度出发，介绍在数据处理和基本统计分析中常用的 M 函数及其应用，没有深奥的语法解释，没有烧脑的嵌套应用，对某些暂时不常用的函数不予介绍。因此，本书的编写，坚持八字方针：能用就行，够用就中。

本书共分 10 章，以 M 函数类别为主线，结合大量的实际案例，介绍这些函数的基本用法以及在实际数据处理中的应用，包括文本函数、日期函数、时间函数、数字函数、列表函数、表函数和数据访问函数等。

第 1 章介绍 M 函数公式基本规则，了解高级编辑器的使用方法，let 表达式和 in 表达式的基本结构、值的类型、运算及运算符、if 条件语句、连续的值构建、常量、M 函数基本语法等，为后面学习和使用 M 函数打好基础。

第 2 章介绍文本数据处理的 M 函数及其实际应用，包括提取字符、清除字符、替换字符、添加前缀和后缀、合并字符文本、插入字符、数字转换为文本、拆分列、等等，这些函数非常实用，经常用于文本字符数据处理和加工。

第 3 章介绍日期数据处理的 M 函数及其实际应用，包括输入日期常量与整合日期，转换日期，从日期中提取重要信息，计算某个时点日期，判断日期是否在指定期限内，等等，利用这些日期函数可以建立基于日期跟踪的数据分析模型。

第 4 章和第 5 章介绍时间数据处理的 M 函数及其实际应用，包括输入时间常量，转换时间，计算某个时点时间，判断时间是否在指定期限内，等等，并综合应用相关 M 函数建立考勤数据统计分析报表。

第 6 章介绍持续时间函数及其应用，这些函数并不复杂，更多用于计算司龄、年龄和生产过程跟踪及统计分析。

第 7 章介绍处理数字的 M 函数及其实际应用，例如数字格式转换，数学计算，数字四舍五入，判断数字类型等。

第 8 章和第 9 章分别列表函数和表函数，这些函数非常实用，需要从表概念及逻辑上去理解和应用，并构建自动化数据分析模板。

第 10 章简要介绍数据访问函数，例如访问工作簿，访问文本文件等。

● 本书目标读者

本书适合于具有 Excel 基础知识的各类人员阅读，特别适合经常处理大量数据的各类人员阅读。本书也可作为大专院校经济类本科生、研究生和 MBA 学员的教材或参考书。

● 本书赠送资源

配套资源

视频讲解：本书录制了 21 集共 125 分钟的教学视频，对 Power Query M 函数和建模的每个知识点、每个案例进行详细的讲解，手机扫描书中二维码，可以随时观看学习。

全部实际案例：本书全部 85 个实际案例素材。

拓展学习资源

30 个函数综合练习资料包

75 个分析图表模板资料包

《Power Query 自动化数据处理案例精粹》电子书

《Power Query-M 函数速查手册》电子书

《Power Pivot DAX 表达式速查手册》电子书

《Excel 会计应用范例精解》电子书

《Excel 人力资源应用案例精粹》电子书

《新一代 Excel VBA 销售管理系统开发入门与实践》电子书

《Excel VBA 行政与人力资源管理应用案例详解》电子书

● 本书资源获取方式

读者可以扫描右侧的二维码，或在微信公众号中搜索"办公那点事儿"，关注后发送"EX32629"到公众号后台，获取本书资源下载链接。将该链接复制到计算机浏览器的地址栏中（一定要复制到计算机浏览器的地址栏，在电脑端下载，手机不能下载，也不能在线解压，没有解压密码），根据提示进行下载。

读者也可加入本书 QQ 交流群 924512501（若群满，会创建新群，请注意加群时的提示，并根据提示加入对应的群），读者也可互相交流学习经验，作者也会不定期在线答疑解惑。

特别提醒：本书涉及单元格颜色问题，请参阅随书赠送的源文件。

韩小良

目 录 CONTENTS

第1章 M函数公式基本规则入门 / 1

1.1 编辑M函数公式 ... 1
- 1.1.1 M 函数严格区分大小写 ... 1
- 1.1.2 高级编辑器 ... 1
- 1.1.3 查询公式步骤结构 ... 2
- 1.1.4 通过公式编辑栏测试学习 M 函数公式 ... 3

1.2 let表达式和in表达式 ... 3
- 1.2.1 let 表达式和 in 表达式的基本结构 ... 3
- 1.2.2 综合查询的 let 表达式和 in 表达式 ... 4
- 1.2.3 创建个性化报表输出 ... 4

1.3 值的类型 ... 5
- 1.3.1 数字（Number） ... 5
- 1.3.2 文本（Text） ... 5
- 1.3.3 日期（Date） ... 5
- 1.3.4 时间（Time） ... 5
- 1.3.5 日期时间（DateTime） ... 5
- 1.3.6 时区（DateTimeZone） ... 5
- 1.3.7 持续时间（Duration） ... 5
- 1.3.8 二进制（Binary） ... 5
- 1.3.9 列表（List） ... 5
- 1.3.10 记录（Record） ... 5
- 1.3.11 表（Table） ... 6

1.4 运算及运算符 ... 6
- 1.4.1 算术运算 ... 6
- 1.4.2 比较运算 ... 6
- 1.4.3 条件组合运算 ... 7
- 1.4.4 合并组合运算 ... 7

1.4.5 一元运算 ······ 7
1.4.6 记录查找运算 ······ 8
1.4.7 列表索引器运算 ······ 8
1.5 if条件语句 ······ 8
1.5.1 单个 if 使用 ······ 8
1.5.2 多个 if 使用 ······ 8
1.5.3 if 与 and 和 or 联合使用 ······ 8
1.6 关键词 ······ 9
1.7 连续的值 ······ 9
1.7.1 构建连续的数字 ······ 9
1.7.2 构建连续的文本型数字 ······ 9
1.7.3 构建连续的小写字母 a~z ······ 9
1.7.4 构建连续的大写字母 A~Z ······ 9
1.7.5 构建连续的小写英文字母 a~z 和大写英文字母 A~Z ······ 10
1.7.6 构建常用汉字列表 ······ 10
1.7.7 构建任意的字符列表 ······ 10
1.8 常量 ······ 10
1.8.1 逻辑常量 ······ 10
1.8.2 数字常量 ······ 10
1.8.3 日期常量 ······ 10
1.8.4 时间常量 ······ 10
1.8.5 日期时间常量 ······ 11
1.8.6 时区常量 ······ 11
1.8.7 持续时间常量 ······ 11
1.8.8 文本常量 ······ 11
1.8.9 空值常量 ······ 11
1.8.10 列表常量 ······ 12
1.9 定义数据类型 ······ 12
1.10 M函数基本语法 ······ 12

第2章 文本函数及其应用 / 13

2.1 Text.Length函数：计算文本长度 ······ 13
2.2 提取字符 ······ 16
2.2.1 Text.Start 函数：从文本字符串左侧提取字符 ······ 16
2.2.2 Text.End 函数：从文本字符串右侧提取字符 ······ 18
2.2.3 Text.Middle 函数：从文本字符串指定位置提取字符 ······ 18

	2.2.4	Text.Range 函数：提取指定范围的字符 ……………………………………	20
	2.2.5	Text.At 函数：提取指定位置的一个字符 ……………………………………	21
	2.2.6	Text.BeforeDelimiter 函数：提取分隔符之前的文本 ………………………	22
	2.2.7	Text.AfterDelimiter 函数：提取分隔符之后的文本 …………………………	23
	2.2.8	Text.BetweenDelimiters 函数：提取分隔符之间的文本 ……………………	24
	2.2.9	Text.Select 函数：提取指定类型字符 ………………………………………	26
2.3	清除字符 ………………………………………………………………………………		31
	2.3.1	Text.Remove 函数：剔除指定的字符 ………………………………………	32
	2.3.2	Text.RemoveRange 函数：剔除指定位置、指定个数的字符 ……………	35
	2.3.3	Text.Clean 函数：清除字符串中的非打印字符 ……………………………	36
	2.3.4	Text.Trim 函数：清除字符串两端指定的字符 ……………………………	36
	2.3.5	Text.TrimStart 函数：清除字符串前面的指定字符 ………………………	38
	2.3.6	Text.TrimEnd 函数：清除字符串后面的指定字符 …………………………	38
2.4	替换字符 ………………………………………………………………………………		39
	2.4.1	Text.Replace 函数：替换指定字符 …………………………………………	39
	2.4.2	Text.ReplaceRange 函数：从指定位置替换指定个数字符 ………………	40
2.5	添加前缀和后缀以补足位数 …………………………………………………………		40
	2.5.1	Text.PadStart 函数：在字符串前面添加补足字符 ………………………	40
	2.5.2	Text.PadEnd 函数：在字符串后面添加补足字符 …………………………	42
2.6	查找字符 ………………………………………………………………………………		42
	2.6.1	Text.Contains 函数：判断指定字符是否存在 ……………………………	42
	2.6.2	Text.StartsWith 函数：判断是否以指定字符开头 ………………………	43
	2.6.3	Text.EndsWith 函数：判断是否以指定字符结尾 …………………………	44
	2.6.4	Text.PositionOf 函数：查找指定字符出现的位置 ………………………	44
	2.6.5	Text.PositionOfAny 函数：查找任意字符出现的位置 ……………………	45
2.7	合并字符文本 …………………………………………………………………………		46
	2.7.1	使用连接符"&"合并文本 ……………………………………………………	46
	2.7.2	Text.Combine 函数：以指定分隔符合并文本 ……………………………	46
2.8	插入和重复字符 ………………………………………………………………………		47
	2.8.1	Text.Insert 函数：在字符串的指定位置插入字符 ………………………	47
	2.8.2	Text.Repeat 函数：重复生成字符串 ………………………………………	48
2.9	将数字转换为文本 ……………………………………………………………………		48
	2.9.1	Text.From 函数：将数字、日期和时间转换为文本 ………………………	48
	2.9.2	Text.Format 函数：格式化文本字符串 ……………………………………	48
2.10	英文字母大小写转换 …………………………………………………………………		50
	2.10.1	Text.Lower 函数：所有字母转换为小写 …………………………………	50

2.10.2　Text.Upper 函数：所有字母转换为大写 …………………………………… 50
2.10.3　Text.Proper 函数：所有分隔的单词首字母大写 ……………………………… 50
2.11　Text.Reverse函数：倒序字符前后位置 …………………………………………… 50
2.12　拆分列 …………………………………………………………………………………… 53
2.12.1　Text.Split 函数：按照分隔符拆分文本 ……………………………………… 53
2.12.2　Text.SplitAny 函数：按照分隔符集中的每个字符拆分文本 ……………… 54
2.13　文本函数综合练习 ……………………………………………………………………… 54
2.13.1　提取关键数据 …………………………………………………………………… 55
2.13.2　整理表格数据 …………………………………………………………………… 57

第3章　日期函数及其应用　/ 59

3.1　输入日期常量与整合日期 ……………………………………………………………… 59
3.1.1　#date 函数：输入日期常量 ……………………………………………………… 59
3.1.2　#date 函数：整合年、月、日三个数为日期 ………………………………… 59
3.2　将文本或数值转换为日期 ……………………………………………………………… 61
3.2.1　Date.From 函数：将数值转换为日期 ………………………………………… 61
3.2.2　Date.FromText 函数：将文本型日期转换为日期 …………………………… 61
3.2.3　综合应用案例 ……………………………………………………………………… 62
3.3　从日期中提取年、季度、月、日信息 ………………………………………………… 65
3.3.1　Date.Year 函数：从日期中提取年份数字及名称 …………………………… 65
3.3.2　Date.QuarterOfYear 函数：从日期中提取季度数字及名称 ………………… 66
3.3.3　Date.Month 函数：从日期中提取月份数字及名称 ………………………… 66
3.3.4　Date.MonthName 函数：从日期中提取月份名称 …………………………… 66
3.3.5　Date.Day 函数：从日期中提取日数字 ………………………………………… 67
3.3.6　综合应用案例：制作基于导出数据的月报和季报 …………………………… 67
3.4　从日期中提取周和星期 ………………………………………………………………… 70
3.4.1　Date.WeekOfYear 函数：获取日期是年度的第几周 ………………………… 70
3.4.2　Date.WeekOfMonth 函数：获取日期是月度的第几周 ……………………… 71
3.4.3　Date.DayOfWeek 函数：获取日期是星期几 ………………………………… 71
3.4.4　Date.DayOfWeekName 函数：获取日期的星期名称 ……………………… 71
3.4.5　星期常量 …………………………………………………………………………… 72
3.4.6　综合应用案例：制作周报 ………………………………………………………… 72
3.4.7　综合应用案例：制作工作日和周末加班时间统计表 ………………………… 74
3.5　计算期初日期 …………………………………………………………………………… 76
3.5.1　Date.StartOfDay 函数：获取一天的开始值 ………………………………… 76
3.5.2　Date.StartOfWeek 函数：获取一周的第一天 ………………………………… 76

3.5.3　Date.StartOfMonth 函数：获取月初日期 …………………………………… 76
3.5.4　Date.StartOfQuarter 函数：获取季度的第一天 …………………………… 76
3.5.5　Date.StartOfYear 函数：获取年度的第一天 ………………………………… 77
3.5.6　简单练习：本年、本季度、本月、本周已经过去了多少天 ……………… 77

3.6　计算期末日期 …………………………………………………………………… 77

3.6.1　Date.EndOfDay 函数：获取一天的结束值 ………………………………… 77
3.6.2　Date.EndOfWeek 函数：获取一周的最后一天 ……………………………… 77
3.6.3　Date.EndOfMonth 函数：获取月底日期 …………………………………… 78
3.6.4　Date.EndOfQuarter 函数：获取季度的最后一天 …………………………… 78
3.6.5　Date.EndOfYear 函数：获取年度的最后一天 ……………………………… 78
3.6.6　简单练习：本年、本季度、本月、本周还剩多少天 ……………………… 78

3.7　计算一段时间后或前的日期 …………………………………………………… 79

3.7.1　Date.AddDays 函数：计算几天后或几天前的日期 ………………………… 79
3.7.2　Date.AddWeeks 函数：计算几周后或几周前的日期 ……………………… 80
3.7.3　Date.AddMonths 函数：计算几个月后或几个月前的日期 ………………… 80
3.7.4　Date.AddQuarters 函数：计算几个季度后或几个季度前的日期 …… 82
3.7.5　Date.AddYears 函数：计算几年后或几年前的日期 ………………………… 82
3.7.6　综合应用案例：计算劳动合同到期日 ……………………………………… 82

3.8　计算天数 …………………………………………………………………………… 83

3.8.1　Date.DaysInMonth 函数：计算某个月有多少天 …………………………… 83
3.8.2　Date.DayOfYear 函数：计算截至某日，该年已经过去了多少天 … 83
3.8.3　综合应用案例：应收账款统计表 …………………………………………… 84

3.9　判断指定日期是否在以前的日期范围内 ……………………………………… 86

3.9.1　Date.IsInPreviousDay 函数：确定是否为前一天 …………………………… 86
3.9.2　Date.IsInPreviousNDays 函数：确定是否在前几天内 ……………………… 86
3.9.3　Date.IsInPreviousWeek 函数：确定是否在前一周内 ……………………… 86
3.9.4　Date.IsInPreviousNWeeks 函数：确定是否在前几周内 …………………… 86
3.9.5　Date.IsInPreviousMonth 函数：确定是否在前一个月内 …………………… 87
3.9.6　Date.IsInPreviousNMonths 函数：确定是否在前几个月内 ………………… 87
3.9.7　Date.IsInPreviousQuarter 函数：确定是否在前一个季度内 ………………… 87
3.9.8　Date.IsInPreviousNQuarters 函数：确定是否在前几个季度内 …………… 87
3.9.9　Date.IsInPreviousYear 函数：确定是否在前一年内 ………………………… 87
3.9.10　Date.IsInPreviousNYears 函数：确定是否在前几年内 …………………… 88
3.9.11　综合应用案例：建立一键刷新的上周生产工时统计报表 ………………… 88

3.10　判断指定日期是否在当前的日期范围内 …………………………………… 91

3.10.1　Date.IsInCurrentDay 函数：判断是否为当天 ……………………………… 91
3.10.2　Date.IsInCurrentWeek 函数：判断是否在本周内 ………………………… 91

- 3.10.3 Date.IsInCurrentMonth 函数：判断是否在本月内 …… 92
- 3.10.4 Date.IsInCurrentQuarter 函数：判断是否在本季度内 …… 92
- 3.10.5 Date.IsInCurrentYear 函数：判断是否在本年内 …… 92
- 3.10.6 综合应用案例：制作一键刷新的本周销售跟踪表 …… 92
- 3.10.7 综合应用案例：制作一键刷新的本月销售跟踪表 …… 94
- 3.11 判断指定日期是否在以后的日期范围内 …… 95
  - 3.11.1 Date.IsInNextDay 函数：确定是否为下一天 …… 96
  - 3.11.2 Date.IsInNextNDays 函数：确定是否在后几天内 …… 96
  - 3.11.3 Date.IsInNextWeek 函数：确定是否在下一周内 …… 96
  - 3.11.4 Date.IsInNextNWeeks 函数：确定是否在下几周内 …… 96
  - 3.11.5 Date.IsInNextMonth 函数：确定是否在下个月内 …… 96
  - 3.11.6 Date.IsInNextNMonths 函数：确定是否在下几个月内 …… 97
  - 3.11.7 Date.IsInNextQuarter 函数：确定是否在下个季度内 …… 97
  - 3.11.8 Date.IsInNextNQuarters 函数：确定是否在下几个季度内 …… 97
  - 3.11.9 Date.IsInNextYear 函数：确定是否在下一年内 …… 97
  - 3.11.10 Date.IsInNextNYears 函数：确定是否在后几年内 …… 97
- 3.12 Date.ToText函数：将日期转换为文本 …… 98
- 3.13 综合应用案例：制作周生产计划完成跟踪表 …… 98

第4章 日期/时间函数及其应用 / 105

- 4.1 #datetime函数：输入日期/时间常量 …… 105
- 4.2 将文本或数值转换为日期/时间 …… 105
  - 4.2.1 DateTime.From 函数：将数值转换为日期/时间 …… 105
  - 4.2.2 DateTime.FromText 函数：将文本型日期/时间转换为真正的日期/时间 …… 106
- 4.3 从日期/时间中提取日期部分和时间部分 …… 106
  - 4.3.1 DateTime.Date 函数：从日期/时间中提取日期部分 …… 106
  - 4.3.2 DateTime.Time 函数：从日期/时间中提取时间部分 …… 106
  - 4.3.3 从日期/时间中提取年、季度、月、日数字 …… 106
- 4.4 获取系统日期/时间 …… 107
  - 4.4.1 DateTime.LocalNow 函数：获取系统当天日期/时间 …… 107
  - 4.4.2 DateTime.FixedLocalNow 函数：获取一个固定系统日期/时间 …… 108
- 4.5 判断指定日期/时间是否在以前的时间范围内 …… 109
  - 4.5.1 DateTime.IsInPreviousHour 函数：确定是否在前一小时内 …… 109
  - 4.5.2 DateTime.IsInPreviousNHours 函数：确定是否在前几个小时内 …… 109
  - 4.5.3 DateTime.IsInPreviousMinute 函数：确定是否在前一分钟内 …… 109

4.6 判断指定日期/时间是否在当前的时间范围内 112

- 4.5.4 DateTime.IsInPreviousNMinutes 函数：确定是否在前几分钟内 109
- 4.5.5 DateTime.IsInPreviousSecond 函数：确定是否在前一秒内 109
- 4.5.6 DateTime.IsInPreviousNSeconds 函数：确定是否在前几秒内 110
- 4.5.7 综合应用案例：一键刷新过去 12 小时的订单跟踪报表 110

4.6 判断指定日期/时间是否在当前的时间范围内 112

- 4.6.1 DateTime.IsInCurrentHour 函数：确定是否在当前小时内 112
- 4.6.2 DateTime.IsInCurrentMinute 函数：确定是否在当前分钟内 112
- 4.6.3 DateTime.IsInCurrentSecond 函数：确定是否在当前秒内 112
- 4.6.4 综合应用案例：查看当前 1 小时内出库的商品 113

4.7 判断指定日期/时间是否在以后的时间范围内 114

- 4.7.1 DateTime.IsInNextHour 函数：确定是否在下一小时内 114
- 4.7.2 DateTime.IsInNextNHours 函数：确定是否在下几个小时内 114
- 4.7.3 DateTime.IsInNextMinute 函数：确定是否在下一分钟内 114
- 4.7.4 DateTime.IsInNextNMinutes 函数：确定是否在下几分钟内 115
- 4.7.5 DateTime.IsInNextSecond 函数：确定是否在下一秒内 115
- 4.7.6 DateTime.IsInNextNSeconds 函数：确定是否在下几秒内 115
- 4.7.7 综合应用案例：制作下一小时要出库的商品明细表 115

4.8 综合应用案例：制作超过半年未使用过的材料明细表 116

第5章　时间函数及其应用　/ 120

5.1 #time函数：输入时间常量 120

5.2 将文本或数值转换为时间 121

- 5.2.1 Time.From 函数：将数值转换为时间 121
- 5.2.2 Time.FromText 函数：将文本型时间转换为真正的时间 121

5.3 从时间中提取信息 121

- 5.3.1 Time.Hour 函数：从时间中提取小时数 121
- 5.3.2 Time.Minute 函数：从时间中提取分钟数 122
- 5.3.3 Time.Second 函数：从时间中提取秒数 122

5.4 获取一个时间的开始小时和结束小时 122

5.5 Time.ToText函数：将时间转换为文本 122

5.6 综合应用案例：考勤数据自动化统计 123

- 5.6.1 示例数据及要求 123
- 5.6.2 整理考勤日期和时间 123
- 5.6.3 处理签到和签退情况 124
- 5.6.4 计算迟到分钟数 126
- 5.6.5 计算早退分钟数 126

5.6.6 计算加班时间 …… 126
5.6.7 制作月度考勤统计报表 …… 128

第6章 持续时间函数及其应用 / 130

6.1 #duration函数：输入持续时间 …… 130
6.2 将数值或文本转换为持续时间 …… 130
6.2.1 Duration.From 函数：将数值转换为持续时间 …… 130
6.2.2 Duration.FromText 函数：将文本型数字转换为持续时间 …… 130
6.3 从持续时间中提取信息 …… 131
6.3.1 Duration.Days 函数：从持续时间中提取天数 …… 131
6.3.2 Duration.Hours 函数：从持续时间中提取小时数 …… 131
6.3.3 Duration.Minutes 函数：从持续时间中提取分钟数 …… 131
6.3.4 Duration.Seconds 函数：从持续时间中提取秒数 …… 131
6.3.5 综合应用案例：计算年龄和司龄 …… 131
6.3.6 综合应用案例：计算生产工人加工时间 …… 133
6.4 计算总时间 …… 134
6.4.1 Duration.TotalDays 函数：计算总天数 …… 134
6.4.2 Duration.TotalHours 函数：计算总小时数 …… 134
6.4.3 Duration.TotalMinutes 函数：计算总分钟数 …… 134
6.4.4 Duration.TotalSeconds 函数：计算总秒数 …… 135

第7章 数字函数及其应用 / 136

7.1 获取数字常量 …… 136
7.2 数字格式设置 …… 136
7.2.1 Currency.From 函数：将数值或文本型数字转换为货币数字 …… 136
7.2.2 Decimal.From 函数：将数值或文本型数字转换为十进制数字 …… 136
7.2.3 Single.From 函数：将数值或文本型数字转换为单精度数字 …… 137
7.2.4 Double.From 函数：将数值或文本型数字转换为双精度数字 …… 137
7.2.5 Int 类函数：将数值或文本型数字转换为整数 …… 137
7.3 数字与文本的格式转换 …… 137
7.3.1 Number.From 函数：将数值转换为数字 …… 138
7.3.2 Number.FromText 函数：将文本转换为数字 …… 138
7.3.3 Number.ToText 函数：将数字转换为文本 …… 138
7.3.4 Percentage.From 函数：将百分比文本转换为数字 …… 139
7.4 常见数学计算 …… 139

- 7.4.1 Number.Abs 函数：求绝对值 ········· 139
- 7.4.2 Number.IntegerDivide 函数：整除取商的整数部分 ········· 139
- 7.4.3 Number.Mod 函数：计算余数 ········· 139
- 7.4.4 Number.Power 函数：计算乘幂 ········· 140
- 7.4.5 Number.Sqrt 函数：计算平方根 ········· 140

7.5 数值修约 ········· 140
- 7.5.1 Number.Round 函数：常规的四舍五入 ········· 140
- 7.5.2 Number.RoundUp 函数：向上舍入 ········· 140
- 7.5.3 Number.RoundDown 函数：向下舍入 ········· 141
- 7.5.4 Number.RoundTowardZero 函数：向靠近零的方向舍入 ········· 141
- 7.5.5 Number.RoundAwayFromZero 函数：向离开零的方向舍入 ········· 141
- 7.5.6 舍入方向的几个常量 ········· 141

7.6 数字的奇偶判断 ········· 142
- 7.6.1 Number.IsEven 函数：判断是否为偶数 ········· 142
- 7.6.2 Number.IsOdd 函数：判断是否为奇数 ········· 142
- 7.6.3 综合应用案例：从身份证号码中提取性别 ········· 142

7.7 用于模拟数据的随机数 ········· 144

第8章 列表函数及其应用 / 145

8.1 统计计算 ········· 145
- 8.1.1 List.Count 函数：对列表的项计数 ········· 145
- 8.1.2 List.Sum 函数：对列表的项求和 ········· 145
- 8.1.3 List.Average 函数：对列表的项求平均值 ········· 145
- 8.1.4 List.Max 函数：对列表的项求最大值 ········· 146
- 8.1.5 List.Min 函数：对列表的项求最小值 ········· 146
- 8.1.6 List.Median 函数：对列表的项求中位数 ········· 146
- 8.1.7 综合应用案例：对含有 null 的列表求和 ········· 146
- 8.1.8 综合应用案例：计算加班时间 ········· 147

8.2 提取前/后N个数据和前N大/小数据 ········· 152
- 8.2.1 List.FirstN 函数：从头提取 N 个数据 ········· 152
- 8.2.2 List.LastN 函数：从尾提取 N 个数据 ········· 152
- 8.2.3 List. MaxN 函数：提取最大的 N 个数据 ········· 152
- 8.2.4 List. MinN 函数：提取最小的 N 个数据 ········· 152

8.3 List.Sort函数：数据排序 ········· 153

8.4 List.FindText函数：查找数据 ········· 153

8.5 两个表格对比 ········· 153

8.5.1　List.Difference 函数：查找一个表在另一个表中未出现的项 ········· 153
8.5.2　List.Intersect 函数：查找几个表都有的项·················· 153
8.5.3　综合应用案例：寻找新增客户、流失客户和存量客户 ·········· 154
8.6　List.Distinct函数：获取不重复数据清单 ························ 156

第9章　表函数及其应用　/ 158

9.1　获取表的信息 ·· 158
9.1.1　获取表的列数和列名 ································· 158
9.1.2　获取表的行数 ······································· 159

9.2　操作列 ·· 160
9.2.1　Table.AddIndexColumn 函数：添加索引列 ················ 160
9.2.2　Table.AddColumn 函数：添加自定义列 ·················· 160
9.2.3　Table.RemoveColumns 函数：删除列 ···················· 162
9.2.4　Table.SelectColumns 函数：选择列 ····················· 163
9.2.5　Table.RenameColumns 函数：重命名列 ·················· 163
9.2.6　Table.ReorderColumns 函数：将各列重新排列 ············ 164
9.2.7　Table.SplitColumn 函数：将某列按照指定分隔符拆分成 N 列 ····· 165
9.2.8　Table.CombineColumns 函数：合并列 ··················· 166
9.2.9　Table.DuplicateColumn 函数：复制列 ··················· 167

9.3　操作行 ·· 168
9.3.1　Table.SelectRows 函数：提取满足条件的行 ·············· 168
9.3.2　Table.RemoveFirstN 函数：删除表的前 N 行 ············· 170
9.3.3　Table.RemoveLastN 函数：删除表的后 N 行 ············· 170
9.3.4　Table.FindText 函数：查找含有指定文本的行记录 ········· 171
9.3.5　Table.Range 函数：从指定行开始提取指定行数记录 ······· 172
9.3.6　Table.Sort 函数：对指定列进行排序 ···················· 173
9.3.7　Table.Distinct 函数：删除重复行 ······················ 174
9.3.8　Table.MaxN 函数：提取表中指定字段最大的前 N 个记录 ···· 176
9.3.9　Table.MinN 函数：提取表中指定字段最小的后 N 个记录 ···· 178

9.4　填充数据 ·· 179
9.4.1　Table.FillDown 函数：往下填充数据 ···················· 179
9.4.2　Table.FillUp 函数：往上填充数据 ······················ 180

9.5　替换值 ·· 180
9.5.1　Table.ReplaceValue 函数：将指定的值替换为新值 ········· 180
9.5.2　Table.ReplaceErrorValues 函数：将错误值替换为指定的值 ···· 182

9.6　表的其他操作 ·· 183

- 9.6.1 Table.Group 函数：分组 ……………………………………… 183
- 9.6.2 Table.Pivot 函数：透视列 …………………………………… 186
- 9.6.3 Table.Unpivot 函数：逆透视选定的列 ……………………… 187
- 9.6.4 Table.UnpivotOtherColumns 函数：逆透视其他未选定的列 …… 188
- 9.6.5 Table.PromoteHeaders 函数和 Table.DemoteHeaders 函数：提升 /降级标题 189
- 9.6.6 Table.Transpose 函数：转置表 ……………………………… 189

第10章 数据访问函数及其应用 / 191

- 10.1 Excel.CurrentWorkbook函数：访问当前工作簿中的表 ………… 191
- 10.2 Excel.Workbook函数：访问工作簿 …………………………… 193
- 10.3 Csv.Document函数：访问文本文件 …………………………… 203

第 1 章 M函数公式基本规则入门

M函数公式是构成Power Query的重要内容。尽管通过一般的可视化向导操作，Power Query会自动创建M函数公式，但在很多情况下，仍然需要使用M函数的基本规则以及相关的M函数创建满足特殊需求的M函数公式，也可以设计自定义M函数，以完成数据的提取、转换、合并，以及制作、统计分析报表。

本章简要介绍M函数公式的基本规则。

1.1 编辑M函数公式

Power Query 的常规操作，通常使用各种菜单命令就可以实现。当需要通过编写代码的形式实现数据处理时，则需要了解 M 语言的基本知识和操作技能。

1.1.1 M 函数严格区分大小写

不论是 M 语言的关键词，还是 M 函数的名称，都是严格区分大小写的。举例如下：
- M 函数的每个关键词首字母一般都是大写，因此正确的写法是 Text.Select，而不能写成 Text.select 或者 text.select。
- 函数 #date 需要全部小写，不能写成 #Time。
- 编写语句时也要全部小写，例如，if x=1 then 100 else 200 不可以写成 If x=1 Then 100 Else 200。

1.1.2 高级编辑器

手动编写 M 函数公式，是在"高级编辑器"对话框中进行的。

执行"数据"→"新建查询"→"从其他源"→"空白查询"命令，如图 1-1 所示，即可打开 Power Query 编辑器，如图 1-2 所示。

扫一扫，看视频

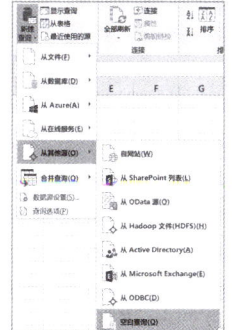

图1-1 "空白查询"命令

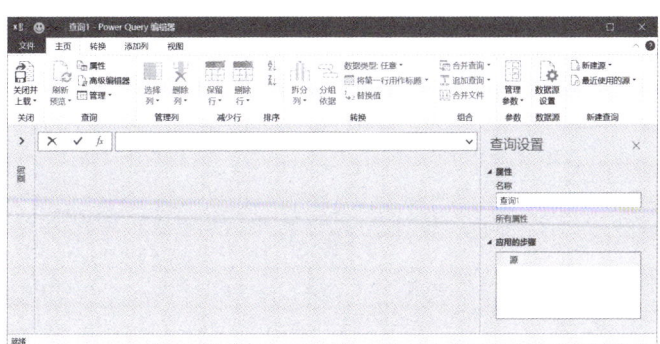

图1-2 Power Query编辑器

切换到"视图"选项卡下，单击"高级编辑器"命令按钮，如图 1-3 所示，即可打开"高级编辑器"对话框，如图 1-4 所示。

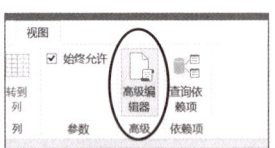

图1-3　"高级编辑器"命令按钮　　　　图1-4　"高级编辑器"对话框

1.1.3　查询公式步骤结构

扫一扫，看视频

查询是由 let 和 in 表达式封装的变量、表达式和值组成的。

let 和 in 之间的代码是各个查询公式步骤（即使用现有菜单命令所生成的"应用的步骤"），每个查询公式步骤基本以前一个步骤为基础，并通过变量名引用一个步骤。

使用 in 语句输出查询公式步骤，可以指定任意一个查询公式步骤作为输出结果，但是，通常是将最后一个查询步骤用作 in 最终数据集结果。

如果使用含有空格的变量名，则必须使用井号字符（#）和双引号字符（""）表示，例如 #"Total of CA"。

在高级编辑器中编写的简单的 M 公式，如图 1-5 所示。

> **注意**
>
> let 和 in 之间的各个公式语句后面，都必须以逗号结尾，但最后一个公式（即紧挨着 in 的上方的公式）后面，不能再有任何符号。

如果要对各个公式语句进行说明，可以使用"//"，如图 1-6 所示。

这里，"//"是单行注释，用于对一行语句进行说明；以"/*"开头并以"*/"结尾的是多行注释，用于多行注释文字。

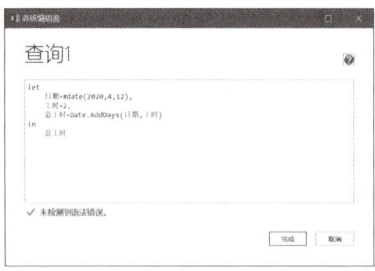

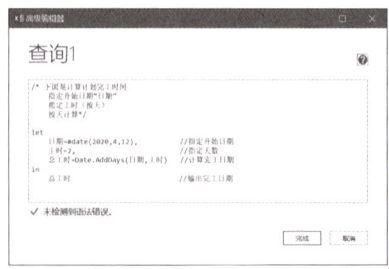

图1-5　编写M公式　　　　图1-6　使用注释对各个公式进行说明

1.1.4 通过公式编辑栏测试学习 M 函数公式

当需要对某个函数公式进行练习测试时，可以使用 Power Query 编辑器中的公式编辑栏。

扫一扫，看视频

本书介绍的常用函数公式，都可以使用这种方法测试。

测试公式的方法是：首先建立一个空白查询，然后在公式编辑栏中输入公式，按下 Enter 键，就可以看到公式的结果，如图 1-7 所示。

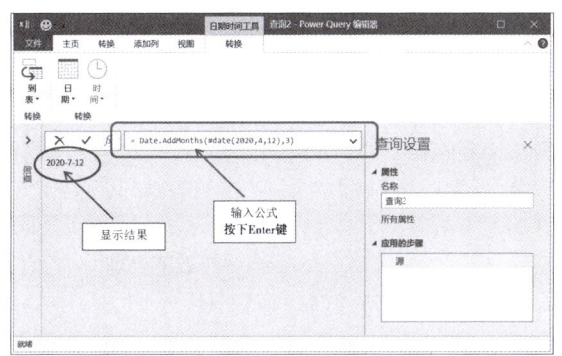

图1-7　通过公式编辑栏测试函数公式

1.2 let表达式和in表达式

要创建一个多步骤的综合查询，需要使用 let 表达式和 in 表达式，以确定做哪些计算和查询，以及输出哪个结果。

1.2.1 let 表达式和 in 表达式的基本结构

let 表达式是进行一系列计算的语句，除最后一个 let 语句外，每个语句都用逗号结尾。例如：

```
let
      x = 100 + 200,
      y = 300+ 500,
      z = (x + y ) / 2.5
```

这里进行了三次运算：计算 x，计算 y，计算 z。

in 表达式用于输出某个语句的结果。例如，下面是输出 x 的结果（300）：

```
let
      x = 100 + 200,
      y = 300+ 500,
      z = (x + y ) / 2.5
in
      x
```

下面是输出 z 的结果（440）：

```
let
```

```
            x = 100 + 200,
            y = 300+ 500,
            z = (x + y ) / 2.5
    in
            z
```

1.2.2 综合查询的 let 表达式和 in 表达式

下面代码显示的是添加自定义列后，从身份证号码中提取生日和性别的综合查询所自动生成的 let 表达式和 in 表达式。

```
    let
            源 = Excel.CurrentWorkbook(){[Name="表 3"]}[Content],
            更改的类型 = Table.TransformColumnTypes(源,{{"姓名", type text},
{"所属部门", type text}, {"学历", type text}, {"身份证号码", type text}}),
            已添加自定义 = Table.AddColumn(更改的类型, "出生日期", each Date.
FromText(Text.Middle([身份证号码],6,8))),
            更改的类型 1 = Table.TransformColumnTypes(已添加自定义,{{"出生
日期", type date}}),
            已添加自定义 1 = Table.AddColumn(更改的类型 1, "性别", each if
Number.IsEven
    (Number.FromText(Text.Middle([身份证号码],16,1))) then "女" else "男")
    in
            已添加自定义 1
```

1.2.3 创建个性化报表输出

在 let 表达式和 in 表达式中还可以创建列表、记录、表格以及其他结构化数据，以制作更加丰富的报表。例如，下面是输出报表表头的语句：

```
    let
            输出 =
                    {
                    "销售统计报表",
                    "制表人：韩小良",
                    DateTime.ToText(DateTime.LocalNow(), "yyyy年MM月dd日")
                    & Date.DayOfWeekName(DateTime.LocalNow(),"zh-cn"),
                    }
    in
            输出
```

1.3 值的类型

在 M 函数公式中，值可以是初始值，也可以是计算的结果。值有以下几种类型。

1.3.1 数字（Number）

数字是可以进行算术运算的数据。

例如，1，1.2，–100，–2.8，2.6e10，2.6e–10。

1.3.2 文本（Text）

文本包括文字、字母、文本型数字，需要使用双引号引起来。

例如，"abc"，"abc123"，"123abc"，"100083"。

1.3.3 日期（Date）

单独的日期使用 #date 函数输入。

例如，#date(2019,9,23)，就是日期 2019-9-23。

1.3.4 时间（Time）

单独的时间使用 #time 函数输入。

例如，#time(15,12,48)，就是时间 15:12:48。

1.3.5 日期时间（DateTime）

日期时间是日期与时间一起的数据，使用 #datetime 函数输入。

例如，#datetime(2019,9,23,15,12,48)，就是日期时间 2019-9-23 15:12:48。

1.3.6 时区（DateTimeZone）

包含时区的日期时间数据使用 #datetimezone 函数输入。

例如，#datetimezone(2019,12,14,10,23,25,–8,0)，结果就是日期时间 2019-12-15 2:23:25。

1.3.7 持续时间（Duration）

以数字天数、小时、分钟和秒表示的一个持续时间值，使用 #duration 函数输入。

例如，#duration(2,5,34,28) 就是 2.05:34:28，即 2 天 5 小时 34 分钟 28 秒的时间。

1.3.8 二进制（Binary）

二进制代表一组二进制值，使用 #binary 函数输入。

例如，#binary({0x00, 0x01, 0x02, 0x03})。

1.3.9 列表（List）

列表是一组指定的数据，用大括号括起来。

例如，{1,2,3} 和 {"产品 1","产品 2","产品 3"}。

1.3.10 记录（Record）

记录是一组字段及其值的行数据，用方括号括起来。

例如，[年份=2019,月份=12]。

1.3.11 表（Table）

包含列名称和行内容，使用 #table 函数构建。

例如，#table({"年份","月份"},{{2019,6},{2019,11},{2020,2}})。

1.4 运算及运算符

按照指定的计算规则对数据进行计算时，需要使用不同的运算符。

1.4.1 算术运算

对数字进行算术运算时，运算符有+（加）、-（减）、*（乘）、/（除）等。

例如，2+100 - (50*10+30)/35，就是一个算术运算。

算术运算使用双精度数字。当进行除法计算时，如果除数为 0，或者计算结果超出了双精度限制，那么计算结果是 ∞。

对日期也可以进行算术计算，得到新的日期或期限。

下面的结果是 #datetime(2020,4,13,0,0,0)，即 2020-4-13：

```
#date(2020,4,5) + #duration(8,0,0,0)
```

下面的结果是 #datetime(2020,4,13,0,0,0)，即 9.00:00:00，表示 9 天 0 时 0 分钟 0 秒：

```
#date(2020, 4, 3) - #date(2020,3,25)
```

算术运算只能对数字进行计算，数字和文本相加是错误的，如 1 + "2"。

数字和 null 相加，结果是 null，如 10+null = null。

1.4.2 比较运算

比较运算是对数据进行比较，获取两个数据之间的比较结果。比较运算的结果是逻辑值 true 或 false。

比较运算要使用比较运算符：

- =（相等）
- <>（不相等）
- >（大于）
- >=（大于或等于）
- <（小于）
- <=（小于或等于）

=（相等）和 <>（不相等），可以对任意同类的数据进行比较。例如：

```
1 = 1                    // 结果是 true
1 <> 1                   // 结果是 false
1.0 = 1                  // 结果是 true
"北京"="北京"             // 结果是 true
```

比较运算符的运算对象必须是数字、日期、时间等本质上是数值的数据。

例如：

```
1<2              // 结果是 true。
1>2              // 结果是 false。
true>false       // 结果是 true。
```

1.4.3 条件组合运算

条件组合运算有"与"条件、"或"条件两种，分别使用 and 和 or 关键词组合。

and 用于将几个条件组合成"与"条件，即所有条件都必须满足。

例如：

```
a = 100 and b > 300 and c <> 1000
```

这里必须同时满足 a 等于 100、b 大于 300、c 不等于 1000，这个组合比较的结果才是 true。只要有一个条件不成立，这个组合比较的结果就是 false。

or 用于将几个条件组合成"或"条件，即这些条件中只要满足一个即可。

例如：

```
a = 100 or b > 300 or c <> 1000
```

这里的三个条件，只要满足任意一个，结果就是 true。如果三个条件均不满足，结果就是 false。

1.4.4 合并组合运算

合并组合运算，就是使用合并运算符（&）将多个数据组合起来。

不同类型的数据合并组合运算结果是不一样的。

如果数据是文本，合并组合后结果是一个新的文本字符串，例如：

```
"学习" & "M 函数"              // 结果是"学习 M 函数"。
"我要" & "学习" & "M 函数"      // 结果是"我要学习 M 函数"。
```

如果数据是日期和时间，合并组合后的结果是一个新的日期时间，例如，下面的结果为 #datetime(2020,4,5,9,29,32)，即 2020-4-5 9:29:32。

```
date(2020,4,5) & #time(9,29,32),
```

如果数据是列表，那么合并组合后的结果是一个新的列表，例如：

```
{1, 2} & {3}                          // 结果是 {1, 2, 3}。
```

如果结果是记录，那么合并组合后的结果是一条新的记录，例如：

```
[x = 1] & [y = 2]                     // 结果是 [x = 1, y = 2]。
[x = 1, y = 2] & [x = 3, z = 4]       // 结果是 [x = 3, y = 2, z = 4]。
```

1.4.5 一元运算

对一元运算的介绍有 +（一元加）、-（一元减）和 not（一元否）。例如：

```
+ + 100          // 结果是 100。
+ - 100          // 结果是 -100。
- (100+200)      // 结果是 -300。
- - 100          // 结果是 100。
```

```
- - -100              //结果是-100。
not true              //结果是false。
not false             //结果是true。
```

1.4.6 记录查找运算

如果要从查询表中引用某个字段,以便对该字段的记录进行计算,可以使用中括号"[]"引用。

例如,[日期]就是引用字段"日期",[产品]就是引用字段"产品"。

1.4.7 列表索引器运算

如果引用列表中的某个项,需要使用大括号"{}"。

例如,下面的例子就是得到列表{100,200,500,111,321,628,115}中第3个项——500。注意第1个项的索引是0,第2个项的索引是1,以此类推。

```
{100,200,500,111,321,628,115}{2}
```

下面的例子就是得到列表{100,200,500,111,321,628,115}中第5个项:321。

```
{100,200,500,111,321,628,115}{4}
```

1.5 if条件语句

扫一扫,看视频

当满足条件时结果是A,不满足条件时结果是B,诸如这样的处理,需要使用if条件语句。

1.5.1 单个if使用

if条件语句是常用的条件判断处理,常用的语句结构是:

```
if 条件 then 结果1 else 结果2
```

例如,下面的语句就是根据x值判断,如果x的值是100,结果是200,否则就是300。

```
if x = 100 then 200 else 300
```

1.5.2 多个if使用

if条件语句还可以嵌套if语句,例如下面的语句就是判断x值的三种情况:如果x的值是1,结果是200;如果x的值是2,结果是300;x的其他值情况,结果都是400。

```
if x=1 then 200 else if x=2 then 300 else 400
```

如果要将几个条件联合起来进行判断处理,可以使用and或or组合条件,例如:

```
if x=1 and y=2 then 200 else if x=1 and y=3 then 300 else if x=10 or y=10 then 400 else 0
```

1.5.3 if与and和or联合使用

很多情况下需要将多个条件联合起来做判断,此时需要if与and和or联合使用。

例如,下面语句就是通过判断是否为双休日或工作日来计算工作系数,双休日的工作系数为1.2,工作日的工作系数为1:

```
= if Date.DayOfWeek([日期],Day.Sunday)=0 or Date.DayOfWeek([日期],Day.
```

Sunday)=6 then 1.2 else 1

也可以这样写：

= if Date.DayOfWeek([日期],Day.Sunday)>=1 and Date.DayOfWeek([日期],Day.Sunday)<=5 then 1 else 1.2

下面联合使用 if、and 和 or 综合判断，此时，需要合理使用小括号"()"确定运算规则和次序：

= if x=1 and (y=5 or z=10) then 200 else 300
= if x=1 and y=5 or z=10 then 200 else 300

当 x=2， y=8， z=10 时，第一个公式的结果是 300，而第二个公式的结果是 200。

1.6 关键词

M 语言中，有一些关键词是专用的，不能用作变量名称，包括：#binary、#date、#time、#datetime、#datetimezone、#duration、#infinity、#nan、#sections、#shared、#table、each、if、then、else 等。

1.7 连续的值

两个句点（..）表示一个连续的值，构成一个列表（list）。在数据处理中这种连续值的构建是非常有用的。

1.7.1 构建连续的数字

如下代码表示 0~9 共 10 个连续的数字 0、 1、 2、 3、 4、 5、 6、 7、 8、 9：

{0..9}

如下代码表示 101~108 共 8 个连续的数字 101、 102、 103、 104、 105、 106、 107、 108：

{101..108}

1.7.2 构建连续的文本型数字

如下代码表示 0~9 的连续的文本型数字 "0""1""2""3""4""5""6""7""8""9"：

{"0".."9"}

如下代码表示 0~9 的连续的文本型数字、小数点 "." 和负号 "-"：

{"0".."9",".","-"}

1.7.3 构建连续的小写字母 a~z

如下代码表示 a~z 的连续的 26 个小写英文字母：

{"a".."z"}

1.7.4 构建连续的大写字母 A~Z

如下代码表示 A~Z 的连续的 26 个大写英文字母：

{"A".."Z"}

1.7.5 构建连续的小写英文字母 a~z 和大写英文字母 A~Z

如下代码表示全部的 26 个小写英文字母和 26 个大写英文字母：

```
{"a".."z","A".."Z"}
```

1.7.6 构建常用汉字列表

如下代码表示常用汉字的列表（不考虑其他生僻的汉字）：

```
{"一".."龟"}
```

1.7.7 构建任意的字符列表

构建含有指定字符的列表：

```
{"0".."9","a".."z","A".."Z","/","[","]","$","￥","."}
```

1.8 常量

常量是指在运算中固定不变的数据，有逻辑常量、数字常量、日期常量、时间常量、日期时间常量、时区常量、文本常量和空值常量等。

1.8.1 逻辑常量

逻辑常量有两个：true 和 false。

1.8.2 数字常量

不变的数字就是数字常量，例如 1、 100、 -10、 1.39、 1.0e3、 1.0e-3。

1.8.3 日期常量

固定不变的日期就是日期常量，需要使用 #date 函数输入。 #date 函数的用法如下：

```
#date(年,月,日)
```

这里，年的数字区间是 1~9999，月的数字区间是 1~12，日的数字区间是 1~31。

例如， #date(2020,4,5)，就是输入日期 2020-4-5。

> **注意**
>
> 不要按照在 Excel 里的输入格式输入日期 2020-4-5，更不能按照 Word 里的输入习惯输入日期 2020.4.5。

1.8.4 时间常量

固定不变的时间就是时间常量，需要使用 #time 函数输入。

#time 函数的用法如下：

```
#time(时,分,秒)
```

这里，时的数字区间是 0~24，分和秒的数字区间是 0~59。

> **注意**
>
> 如果时数字是 24，那么分和秒都必须是 0。

例如：
```
#time(10,55,23)        // 输入时间 10:55:23
#time(22,8,12)         // 输入时间 22:08:12
#time(24,0,0)          // 输入时间 0:00:00
```

1.8.5 日期时间常量

固定地包含日期和时间的常量，就是日期时间常量，需要使用 #datetime 函数输入。#datetime 函数的用法如下：

```
#datetime(年,月,日,时,分,秒)
```

这里的年、月、日、时、分、秒数字的区间范围，要遵循日期常量和时间常量的规定。

例如， #datetime(2020,4,5,11,15,22)，结果为 2020 年 4 月 5 日 11 时 15 分 22 秒。

1.8.6 时区常量

固定的包含时区、日期和时间的常量，就是时区常量，需要使用 #datetimezone 函数输入。#datetimezone 函数的用法如下：

```
#datetimezone(年,月,日,时,分,秒,时差,分差)
```

这里的年、月、日、时、分、秒数字的区间范围，要遵循日期常量和时间常量的规定，而时差的数字范围是 –14~14，分差的数字范围是 –59~59。

例如， #datetimezone(2020,4,5,11,15,22,–8)，结果为 2020-4-5 11:15:22 –08:00。

1.8.7 持续时间常量

如果要在一个日期时间常量上，加一个固定的几天、几小时、几分、几秒的时间，应该如何输入呢？此时，需要使用 #duration 函数，其用法是：

```
#duration(天,时,分,秒)
```

例如， #duration(0,1,20,45)，就是一个代表 0 天 1 小时 20 分钟 45 秒的常量，而下面的表达式结果就是 2020-4-5 12:36:07：

```
#datetime(2020,4,5,11,15,22)+#duration(0,1,20,45)
```

下面的表达式表示在 2020 年 4 月 5 日的日期上加 5 天，其结果为 2020-4-10：

```
#date(2020,4,5)+#duration(5,0,0,0)
```

1.8.8 文本常量

固定不变的文本字符串就是文本常量，可以是纯文本，也可以是文本与数字的组合，需要使用双引号引起来。如 " 北京 "" A10" "01ABC" "100"（注意是文本 100，而不是数字 100）。

1.8.9 空值常量

空值常量表示没有数据，用 null 表示。

例如，下面的条件语句就是进行条件判断，如果不满足条件，就输入空值常量 null：

```
if x=100 then 50 else null
```

1.8.10 列表常量

使用大括号"{}"构建列表常量。

例如：

```
{"A", "B", "C"}              //一个包含字母A、B、C的列表。
{ 1, 5..9, 11, 20 }          //一个数字1,5,6,7,8,9,11,20的列表。
```

1.9 定义数据类型

Power Query 对数据类型非常敏感，必须对每个字段的数据类型进行定义。

一般情况下，可以通过 Power Query 的菜单命令列表设置字段的数据类型，也可以使用 type 定义字段的数据类型，主要有：

- type null，空值类型
- type number，数字类型
- type date，日期类型
- type datetimezone，时区类型
- type text，文本类型
- type list，列表类型
- type table，表类型
- type logical，逻辑值类型
- type time，时间类型
- type datetime，日期时间类型
- type duration，持续时间类型
- type binary，二进制类型
- type record，记录类型
- type function，函数类型

例如，下面就是把表中的字段"姓名"定义为文本类型，把字段"销售额"的数据类型定义为数字（小数）类型：

```
{{"姓名", type text}, {"销售额", type number }}
```

下面就是对函数进行数据类型定义，变量 y 是数字，变量 z 是可选的文本类型，函数结果是任意类型：

```
type function (y as number, optional z as text) as any
```

1.10 M函数基本语法

M 函数语法很简单，与 Excel 函数区别不大，如下所示。

`函数名（参数1，参数2，参数3，…）`

M 函数名一般由数据类型单词和功能单词构成，如下所示。

- Date.FromText 函数：日期类函数（Date），用于将文本型日期转换为日期（FromText）。
- Text.Remove 函数：文本类函数（Text），用于将文本字符串中的指定字符从文本中剔除出去（Remove）。
- Number.Round 函数：数字类函数（Number），对数字进行四舍五入（Round）。

仔细阅读每个函数的帮助信息，就可以了解函数的语法结构和基本用法。

> **注意**
>
> 一般数据类型单词和功能单词的第一个字母大写。

第 2 章
文本函数及其应用

文本函数，用来对文本数据进行处理，例如转换格式、提取字符、分列文本、替换字符等，文本函数的前缀均为 Text。本章就常用的文本函数及其应用进行介绍。

2.1 Text.Length 函数：计算文本长度

在 Excel 中，计算文本长度（字符个数），可以使用 LEN 函数。在 M 语言中，计算文本长度使用 Text.Length。

Text.Length 函数的基本用法是：

```
= Text.Length(文本字符串)
```

Text.Length 的结果是数字，表示字符串的长度（字符个数）。

例如，Text.Length("2020-2021 年预算分析第 1 稿 ")，结果是 17。

案例 2-1

图 2-1 所示是一张科目明细表，有总账科目，也有明细科目，现在要从这个表格中提取所有的总账科目数据。所谓总账科目，就是科目编码为 4 位的科目。只要计算出科目编码的位数，再进行筛选即可。

执行"数据"→"从表格"命令，建立基本查询，如图 2-2 所示。

图2-1　科目明细表数据

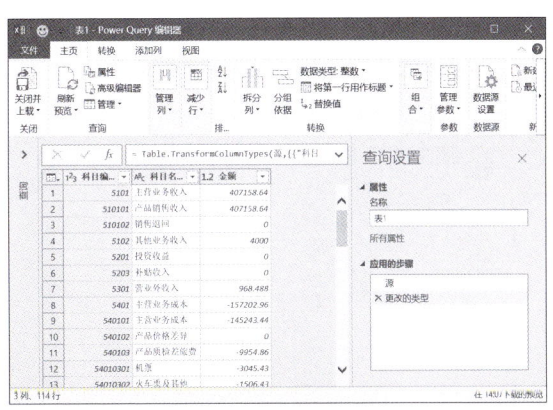

图2-2　建立基本查询

第一列数据类型被改成整数，因此需要重新将第一列的数据类型设置为"文本"，如图 2-3 所示。

执行"添加列"→"自定义列"命令，打开"自定义列"对话框，新列名默认，输入自定义列计算科目编码长度，公式如下：

= Text.Length([科目编码])

得到结果如图 2-4 所示。

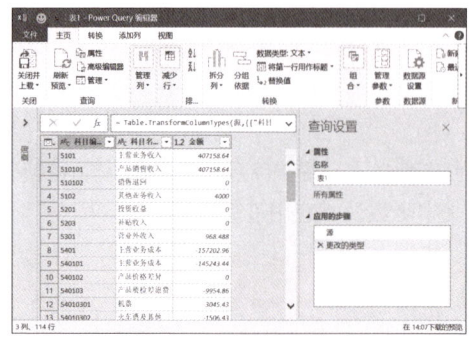

图2-3　重新设置第一列的数据类型为"文本"

图2-4　计算科目编码长度

这样得到一个自定义列，在该列中计算出每个科目编码的位数，如图 2-5 所示。

从自定义列中，筛选数字是 4 的数据，筛选的结果如图 2-6 所示。

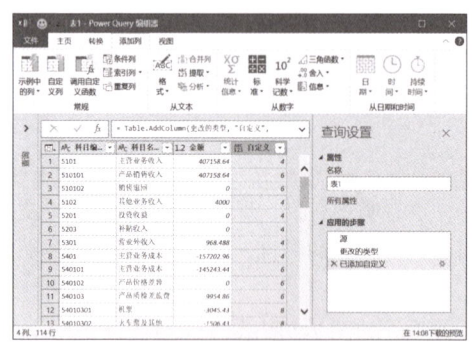

图2-5　科目编码位数的自定义列

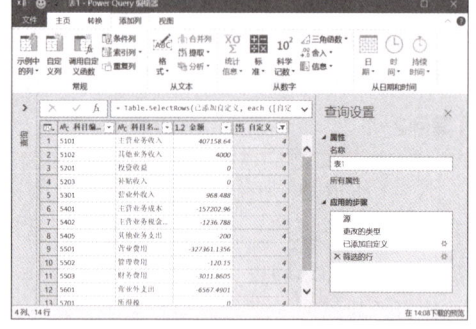

图2-6　对编码位数进行筛选的结果

然后删除这个自定义列，如图 2-7 所示。

最后将"查询设置"窗格关闭并上载成表，得到需要的总账科目表，如图 2-8 所示。

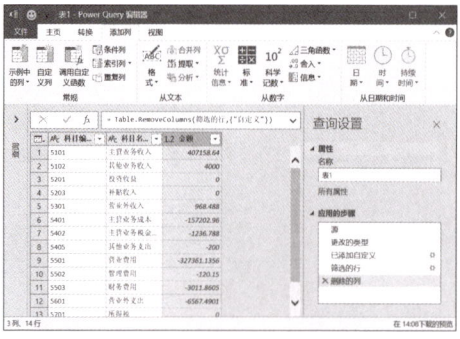

图2-7　删除自定义列

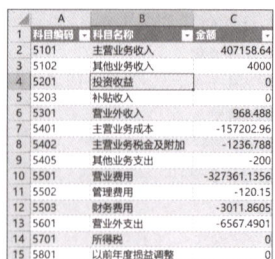

图2-8　总账科目表

在这个表格中，收入项目采用了正数，成本费用及支出采用了负数，因此对这些数据汇总合计，得到的就是净利润。

选中"设计"选项卡下的"汇总行"复选框，如图2-9所示。

这样在表格的底部插入了一个汇总行，计算出净利润，如图2-10所示。

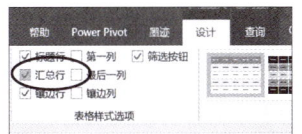

图2-9　"汇总行"复选框　　　　　图2-10　表格底部插入汇总行

> **注意**
>
> Text.Length函数只能计算文本字符串的字符数，而不能计算数字的位数(这跟Excel中的LEN函数有所不同)。如果数据类型是数字(整数)，使用Text.Length就会出现错误，如图2-11和图2-12所示。

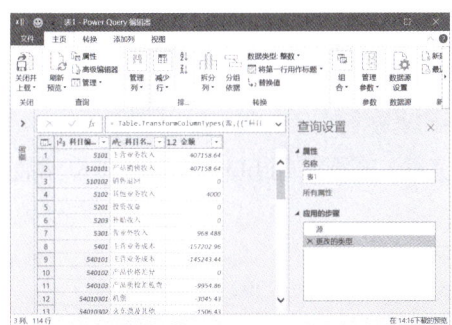

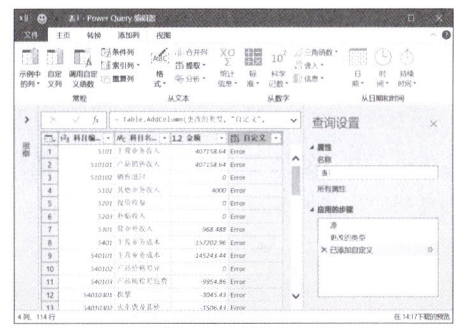

图2-11　第一列科目编码是数字（整数）　　　　图2-12　Text.Length函数计算

因此，可以先将第一列科目编码的数据类型设置为"文本"，或者在公式中使用Text.From函数将数字转换为文本后，再使用Text.Length函数，此时自定义列公式如下：

```
= Text.Length(Text.From([科目编码]))
```

添加自定义列，如图2-13所示。

图2-13　联合使用Text.From函数和Text.Length函数计算数字的位数

案例 2-1 的介绍是为了帮助读者熟悉 Power Query 的基本操作，并掌握 Text.Length 函数的应用方法。其实，案例 2-1 也可以使用 Table.SelectRows 函数一次性完成数据提取，公式代码如下：

```
let
    源 = Excel.CurrentWorkbook(){[Name="表1"]}[Content],
    总账科目 = Table.SelectRows(源,each Text.Length([科目编码])=4)
in
    总账科目
```

2.2 提取字符

很多情况下，要从字符串中把需要的字符提取出来，生成一个新列，这就是提取字符的问题。

提取字符常用的 M 函数有：

- Text.Start
- Text.Middle
- Text.At
- Text.AfterDelimiter
- Text.Select
- Text.End
- Text.Range
- Text.BeforeDelimiter
- Text.BetweenDelimiters

2.2.1 Text.Start 函数：从文本字符串左侧提取字符

在 Excel 中，如果要从文本字符串左侧提取字符，需要使用 LEFT 函数。在 M 语言中，则需要使用 Text.Start 函数。其用法为：

= Text.Start(文本字符串，要提取的字符个数)

例如，Text.Start("2020-2021 年预算分析第 1 稿 ",9)，结果是"2020-2021"。

案例2-2

图 2-14 所示是银行账号与银行名称连在一起的几组数据，现在需要从中提取出银行账号。银行账号是固定的 12 位数字。

这个问题的解决方法有很多种，可以使用 Excel 的 LEFT 函数实现，其公式如下：

=LEFT(A2,12)

也可以执行 Power Query 中的"添加列"→"提取"→"首字符"命令，如图 2-15 所示。

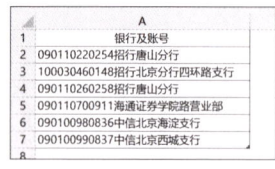

图2-14　银行及账号数据

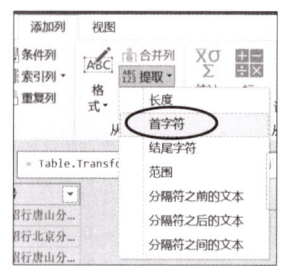

图2-15　"添加列"→"提取"→"首字符"命令

下面介绍通过添加自定义列，提取银行账号，使用 Text.Start 函数提取字符串的方法，如图 2-16 所示。自定义列公式为：

= Text.Start([银行及账号],12)

这样得到下面的"账号"列，如图 2-17 所示。

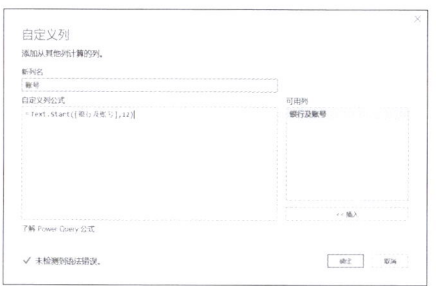 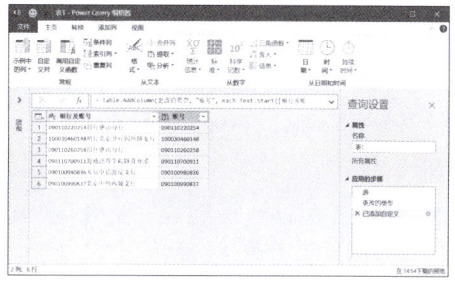

图2-16　提取银行账号　　　　　　　　图2-17　得到的银行账号

注意

Text.Start 函数也只能对文本字符串提取字符。如果数据是数字，使用 Text.Start 函数就会出现错误，例如，要提取一列数字的前3位，如图 2-18 所示，此时自定义列公式为：

= Text.Start([数字],3)

如果从数字中提取，可以先将第一列的数字设置为"文本"，或者在公式中直接转换，如图 2-19 所示。公式为：

= Text.Start(Text.From([数字]),3)

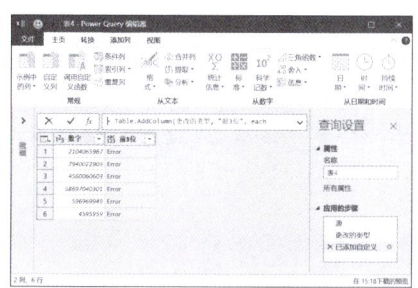 

图2-18　提取一列数字的前3位　　　　图2-19　在公式中使用Text.From函数转换文本

提取结果如图 2-20 所示。

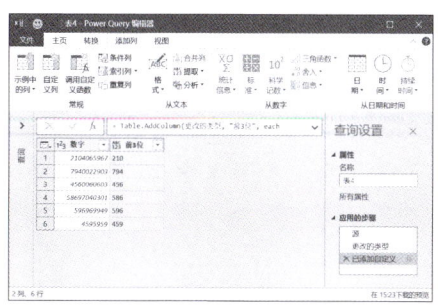

图2-20　提取的左侧3个字符

2.2.2 Text.End 函数：从文本字符串右侧提取字符

在 Excel 中，如果从字符串右侧提取字符，可以使用 RIGHT 函数。在 M 语言中，则需要使用 Text.End 函数。其用法为：

= Text.End(文本字符串,要提取的字符个数)

例如，Text.End("2020-2021年预算分析第1稿",3)，结果是"第1稿"。

案例2-3

以案例2-2的数据为例，提取右侧的银行名称，则可以使用下面的公式自定义列，如图2-21所示。

= Text.End([银行及账号],Text.Length([银行及账号])-12)

由于无法确定右侧要提取的字符个数，因此使用 Text.Length 函数先计算出字符总个数，再减去左侧的账号个数（12），即可得到要实际提取的右侧字符个数。提取结果如图2-22所示。

图2-21 提取右侧数据 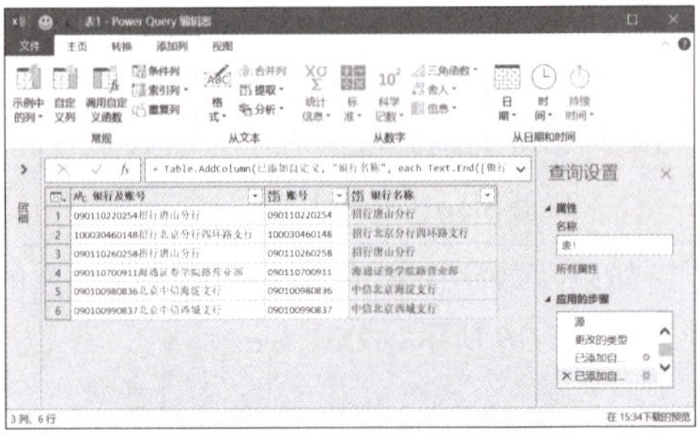　　　　　图2-22 提取的银行名称

> **注意**
>
> Text.End 函数只能处理文本，不能处理数字。若要处理数字，必须先将数字转换为文本。

2.2.3 Text.Middle 函数：从文本字符串指定位置提取字符

在 Excel 中，如果要从字符串指定位置提取字符，可以使用 MID 函数。在 M 语言中，则需要使用 Text.Middle 函数，其用法为：

= Text.Middle(文本字符串,指定开始位置,要提取的字符个数)

例如，Text.Middle("2020-2021年预算分析第1稿",5,4)，结果是"2021"。

> **注意**
>
> 文本字符串中，左边第一个字符的索引是0，第二个字符的索引是1，第三个字符的索引是2，以此类推。也就是说，在 M 函数中，字符索引是从0开始的，而在 Excel 函数中，字符索引是从1开始的。

案例2-4

图 2-23 所示是一张股票信息表,现在要求从这些数据中分别提取所属行业、股票代码和股票名称。

所属行业是左侧的 4 个汉字字符,股票代码是中间的 6 位数字,股票名称是右侧的长度不定的汉字字符,因此可以分别使用 Text.Start 函数、Text.Middle 函数和 Text.End 函数进行提取。

首先建立基本查询。提取左侧所属行业的自定义列公式如下:

= Text.Start([股票信息],4)

添加自定义列,如图 2-24 所示。

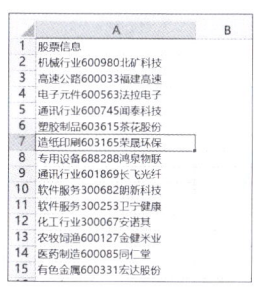

图2-23 股票信息表

图2-24 提取左侧的所属行业

提取中间的股票代码的自定义列公式如下:

= Text.Middle([股票信息],4,6)

添加自定义列,如图 2-25 所示。

提取右侧的股票名称,可以使用 Text.End 函数,此时自定义列公式如下:

= Text.End([股票信息],Text.Length([股票信息])-10)

添加自定义列,如图 2-26 所示。

图2-25 提取中间的股票代码

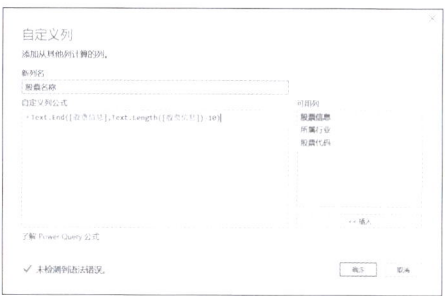

图2-26 提取右侧的股票名称

这里先使用 Text.Length 函数计算出原始字符串长度,再删除左侧的 10 个字符,剩余的就是右侧的股票名称字符。

此外,也可以使用 Text.Middle 函数提取最右侧的股票名称,也就是从第 11 个字符(索引号是 10)开始取,右侧有多少就取多少,将函数的第三个参数设置为一个较大的数字即可,公式如下:

```
= Text.Middle([股票信息],10,100)
```
这样,就得到了需要的数据,如图2-27所示。

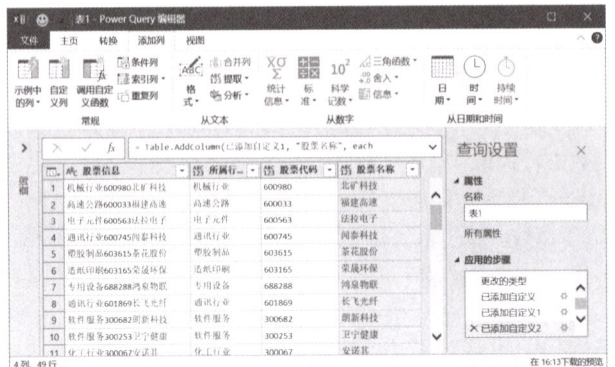

图2-27 提取的股票相关信息

上述操作过程的 M 公式代码如下:

```
let
    源 = Excel.CurrentWorkbook(){[Name="表1"]}[Content],
    更改的类型 = Table.TransformColumnTypes(源,{{"股票信息", type text}}),
    已添加自定义 = Table.AddColumn(更改的类型, "所属行业", each Text.Start([股票信息],4)),
    已添加自定义1 = Table.AddColumn(已添加自定义, "股票代码", each Text.Middle([股票信息],4,6)),
    已添加自定义2 = Table.AddColumn(已添加自定义1, "股票名称", each Text.Middle([股票信息],10,100))
in
    已添加自定义2
```

2.2.4 Text.Range 函数:提取指定范围的字符

要从文本字符串指定位置提取指定个数字符时,除了使用前面介绍的 Text.Middle 函数,还可以使用 Text.Range 函数。

Text.Range 函数用于从字符串中指定位置,提取指定范围的字符,其用法为:

```
= Text.Range(文本字符串,指定开始位置,要提取的字符个数)
```

例如,Text.Range ("2020-2021年预算分析第1稿",5,4),结果是"2021"。

Text.Range 函数和 Text.Middle 函数用法基本一样,唯一不同的是,Text.Middle 函数没有界限的限制,也就是说,如果指定的字符个数超过字符串的字符个数,Text.Middle 函数不会报错,而是把指定位置以后的所有字符取出。但是,当指定字符个数超出了源字符数时,Text.Range 函数就会报错。

因此,在使用 Text.Middle 函数时,无须考虑字符数超界的问题,而使用 Text.Range 函数时,这个问题必须进行处理。

例如,下面的公式结果是"分析报告":

```
= Text.Middle("2020年预算分析报告",7,10)
```
但下面的公式结果就报错了,如图2-28所示。
```
= Text.Range("2020年预算分析报告",7,10)
```

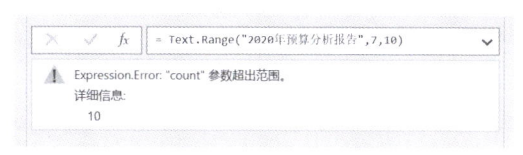

图2-28　Text.Range函数参数超界

在案例2-4中,提取中间的股票代码的公式还可以写为:
```
=Text.Range([股票信息],4,6)
```

> **注意**
> Text.Range也只能处理文本,不能处理数字。若要处理数字,必须先将数字转换为文本。另外,Text.Range函数的第三个参数设置,不能超过源字符串的字符个数,否则会报错。

2.2.5　Text.At 函数：提取指定位置的一个字符

当需要从指定位置仅提取一个字符时,除了可以使用前面介绍的Text.Middle函数外,还可以使用Text.At函数。

Text.At函数用于从字符串指定位置提取一个字符,其用法为:
```
= Text.At(文本字符串,指定开始位置)
```
例如,Text.At("ABCDEFG",3),结果是"D",注意字母D是第四个字符,其索引是3。如果指定的索引号超出了字符位数,函数就会报错。

案例2-5

图2-29所示是一列合同编号,中间的字母是合同类别,现在要添加一列,保存合同类别。建立查询,添加自定义列,公式如下:
```
= Text.At([合同编号],4)
```
添加自定义列,如图2-30所示。

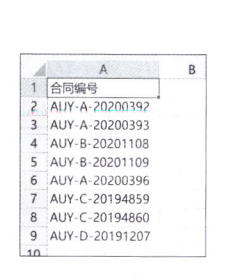

图2-29　合同编号　　图2-30　自定义列使用Text.At函数提取

提取的结果如图 2-31 所示。

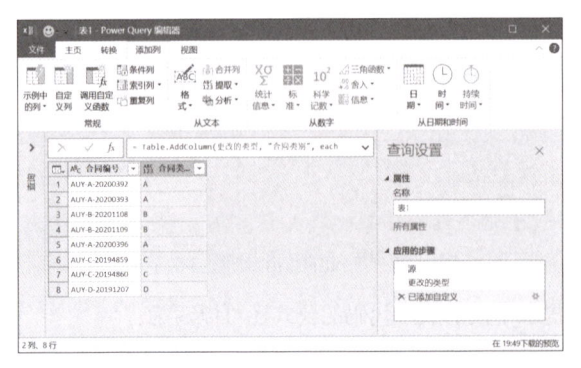

图2-31 提取的合同类别

当然，也可以使用 Text.Middle 函数提取合同类别，此时公式为：
= Text.Middle([合同编号],4,1)

Text.At 函数每次只能从指定位置取一个字符。如果要取多个字符，就需要使用 Text.Middle 函数。

2.2.6　Text.BeforeDelimiter 函数：提取分隔符之前的文本

如果并不知道要提取的字符位置和长度，但是有明显的分隔符界定，此时可以使用 Text.BeforeDelimiter 函数、Text.AfterDelimiter 函数和 Text.BetweenDelimiters 函数。

Text.BeforeDelimiter 函数用于提取指定分隔符之前的文本，其用法为：
= Text.BeforeDelimiter(文本字符串,分隔符,哪一次出现)

第三个参数"哪一次出现"是可选参数，出现相同分隔符时，指定是哪一次出现的；如果忽略，默认为是第一次出现的分隔符之前的字符。

> **注意**
> 0 表示分隔符第一次出现的位置；1 表示分隔符第二次出现的位置，以此类推。

分隔符可以是符号、字母或汉字等。
例如：
=Text.BeforeDelimiter("AU-A-20-Q","-")，结果是 "AU"，即第1个 "-" 之前的字符。
=Text.BeforeDelimiter("AU-A-20-Q","-",1)，结果是 "AU-A"，即第2个 "-" 之前的字符。
=Text.BeforeDelimiter("21幢305","幢")，结果是 "21"，即"幢"之前的字符。

案例2-6

图 2-32 所示是一张房屋信息摘要表，要求提取出"楼号""房号"和"业主"三列新数据。
建立基本查询，插入自定义列，公式如下：
= Text.BeforeDelimiter([摘要],"幢")

添加自定义列，如图 2-33 所示。

图2-32　房屋信息摘要表

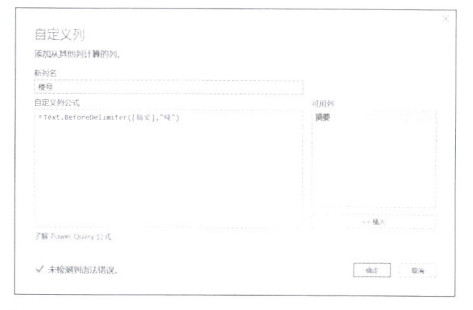

图2-33　使用Text.BeforeDelimiter函数提取楼号

提取的楼号如图 2-34 所示。

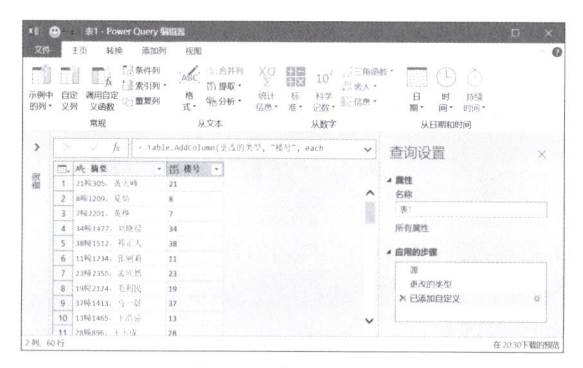

图2-34　提取的楼号

Text.BeforeDelimiter 函数可以指定分隔符出现的方向，也就是说，次数出现的方向是从左往右，还是从右往左。

例如，下面的两个公式结果是相同的。

公式 1：

= Text.BeforeDelimiter("AUY-A-202-Q","-",1)

结果是 "AUY-A"，是取从左往右第二个分隔符"-"之前的文本。

公式 2：

= Text.BeforeDelimiter("AUY-A-202-Q","-",{1, RelativePosition.FromEnd})

结果是 "AUY-A"，也就是取倒数第二个分隔符"-"之前的文本。

RelativePosition.FromEnd 可以用 1 表示，表示从右往左。

RelativePosition.FromStart 可以用 0 表示，表示从左往右。

因此，公式 2 还可以写为：

= Text.BeforeDelimiter("AUY-A-202-Q","-",{1, 1})

2.2.7　Text.AfterDelimiter 函数：提取分隔符之后的文本

如果要提取分隔符之后的文本，可以使用 Text.AfterDelimiter 函数。

Text.AfterDelimiter 函数用于提取指定分隔符之后的文本，其用法为：

= Text.AfterDelimiter（文本字符串，分隔符，哪一次出现）

第三个参数"哪一次出现"是可选参数,出现相同分隔符时,指定是哪一次出现的;如果忽略,就取第一次出现的分隔符之后的字符。

> **注意**
>
> 0表示分隔符第一次出现的位置,1表示分隔符第二次出现的位置,以此类推。

分隔符可以是符号、字母或汉字等,并且与Text.BeforeDelimiter函数一样,可以指定分隔符出现的方向,也就是说,可以按从左往右数,也可以按从右往左数。

例如:

= Text.AfterDelimiter("AU-A-20-Q","-"),结果是" A-20-Q",第1个"-"之后的字符。

= Text.AfterDelimiter("AU-A-20-Q","-",1),结果是" 20-Q ",第2个"-"之后的字符。

= Text.AfterDelimiter("AU-A-20-Q","-",{0,1}),结果是"Q",倒数第1个"-"之后的字符。

= Text.AfterDelimiter("21幢305","幢"),结果是"305",即"幢"之后的字符。

以案例2-6所示的数据为例,提取业主姓名的自定义列公式如下:

= Text.AfterDelimiter([摘要],", ")

添加自定义列,如图2-35所示。

提取的结果如图2-36所示。

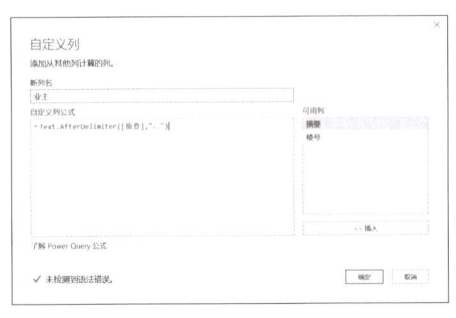

图2-35 提取分隔符后面的业主姓名　　　　图2-36 提取的业主姓名

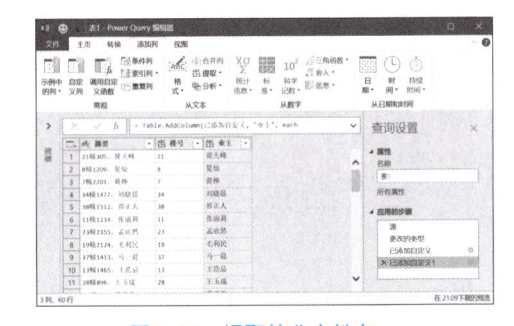

Text.AfterDelimiter函数和Text.BeforeDelimiter函数的使用方法相同,注意事项也一样,唯一区别是,一个在分隔符之前取数,一个在分隔符之后取数。

2.2.8 Text.BetweenDelimiters函数:提取分隔符之间的文本

如果要提取分隔符之间的文本,可以使用Text.BetweenDelimiters函数。

Text.BetweenDelimiters函数用于提取指定分隔符之间的文本,其用法为:

= Text.BetweenDelimiters(文本字符串,开始分隔符,结束分隔符,开始分隔符在哪一次出现,结束分隔符在哪一次出现)

这里,第四个参数和第五个参数是可选参数,出现相同分隔符时,可以分别指定开始分隔符和结束分隔符在哪一次出现,以及它们是从左往右第几次出现的,还是从右往左的第几次出现的。

例如，公式1：

= Text.BetweenDelimiters("支票号(0839)合同号(94950)记账凭证号(291)","(",")")

结果是"0839"，即第1个括号内的支票号。

公式2：

= Text.BetweenDelimiters("支票号(0839)合同号(94950)记账凭证号(291)","(",")",1,0)

结果是"94950"，即第2个括号内的合同号。

公式3：

= Text.BetweenDelimiters("支票号(0839)合同号(94950)记账凭证号(291)","(",")",2,0)

结果是"291"，即第3个括号内的记账凭证号。

公式4：

= Text.BetweenDelimiters("外币：美元，外币金额：2000","：","，")

结果是"美元"，即第1个冒号和第1个逗号之间的字符。

以案例2-6所示的数据为例，提取业主房号的自定义列公式如下：

= Text.BetweenDelimiters([摘要],"幢","，")

添加自定义列，如图2-37所示。

提取的结果如图2-38所示。

图2-37 提取中间的房号　　图2-38 提取的房号

调整各列位置，删除第一列，关闭并上载数据，就得到需要的业主姓名、楼号和房号，如图2-39所示。

由于是提取两个指定分隔符之间的文本，因此需要根据具体情况，确定是指定从左往右还是从右往左的哪一次出现。确定开始位置，再从这个开始位置，往右找第几个出现位置，此时往右找的位置不是从字符串从左往右的绝对位置，而是相对位置。

例如，原始字符串为"支票(0839)合同(94950)记账凭证(291)"，下面的公式是取中间的合同号：

图2-39 提取分列得到的表格

= ("支票(0839)合同(94950)记账凭证(291)","(",")",{1,1},{0,0})

这里，{1,1}是从右往左找第2个括号"("的位置，它在"同"的后面；{0,0}表示从这个"同"往右找第1个括号的位置，它在"记"的前面，这样需要的结果就是"同"后面括号"("和"记"前面括号")"之间的数字。

若要一次性把相同分隔符之间的数据提取出来，可以使用 List.Transform 函数将其处理为列表。

例如，要从上面的字符串中，一次性提取出支票号、合同号和记账凭证号，并生成列表，则公式如下：

= List.Transform({0..2},each Text.BetweenDelimiters("支票(0839)合同(94950)记账凭证(291)","(",")",_))

添加公式，如图 2-40 所示。

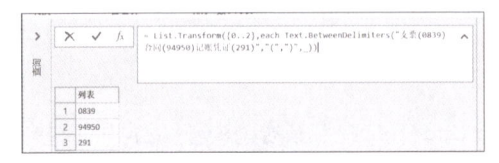

图 2-40　生成列表

2.2.9　Text.Select 函数：提取指定类型字符

如何将以下文本字符串中的金额提取出来？原始字符串为：

信达科技 34060.49 万元

类似问题可以使用 Text.Select 函数快速解决。

Text.Select 函数用于从字符串中筛选留下指定的字符，并把其他的字符剔除。其用法如下：

= Text.Select(文本字符串，要提取的单个字符或字符集)

函数的第二个参数可以使用列表批量筛选字符。

例如，下面公式的结果是字符串 "34060.49"：

= Text.Select("信达科技 34060.49 万元",{"0".."9","."})

由于函数得到的结果是文本，而需要得到的是真正的金额数字 34060.49，因此可以使用 Number.FromText 函数进行转换：

= Number.FromText(Text.Select("信达科技 34060.49 万元",{"0".."9","."}))

案例 2-7

图 2-41 所示的"目录名称"列中科目编码和总账科目连在一起，现在要从该列提取科目编码和总账科目。

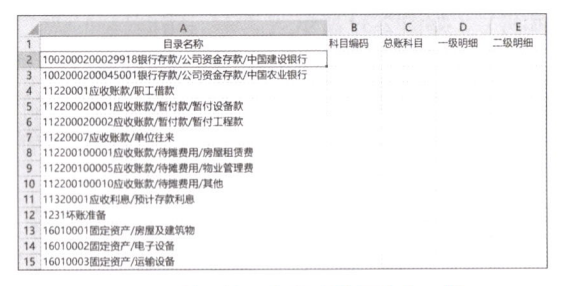

图 2-41　科目编码和总账科目连在一起

使用 Text.Select 函数，可以快速提取出科目编码；而使用 Text.BetweenDelimiters 函数可以快速提取各级科目名称。

建立基本查询，如图 2-42 所示。

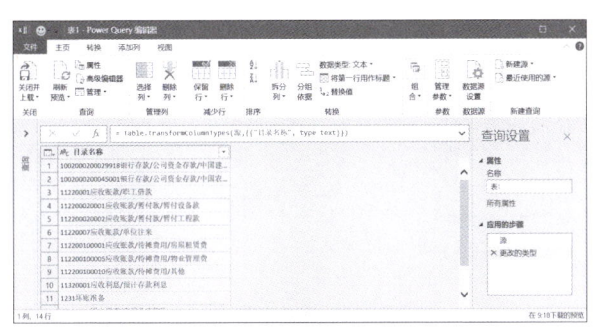

图2-42　建立基本查询

添加一个自定义列"科目编码"，自定义列公式如下：

= Text.Select([目录名称],{"0".."9"})

添加自定义列，如图 2-43 所示。

图2-43　提取科目编码

这样得到"科目编码"列，如图 2-44 所示。

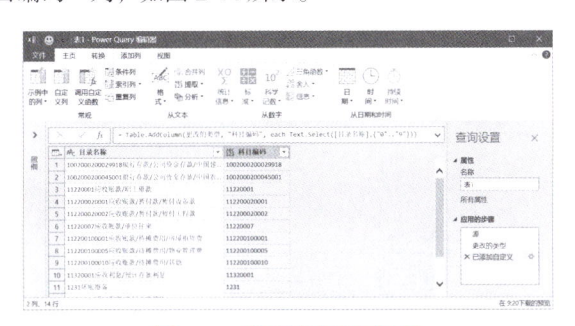

图2-44　提取出的科目编码

再添加一个自定义列"总账科目"，自定义列公式如下：

= Text.Select(Text.BeforeDelimiter([目录名称],"/"),{"一".."龟"})

这个公式的含义是：先用 Text.BeforeDelimiter 函数提取出第一个斜杠"/"之前的字符，再用 Text.Select 函数从这个提取出的字符串中将汉字提取出来。这里结尾的是汉字"龟"，在"龟"后的字很少用到，输入"龟"就基本上涵盖了常用的汉字。

这个公式也可以使用 Text.Remove 函数将字符串中的数字剔除出去，得到的就是总账科目名称，公式如下：

=Text.Remove(Text.BeforeDelimiter([目录名称],"/"),{"0".."9"})

27

添加自定义列，如图 2-45 所示。

图2-45　提取总账科目

这样就得到了"总账科目"列，如图 2-46 所示。

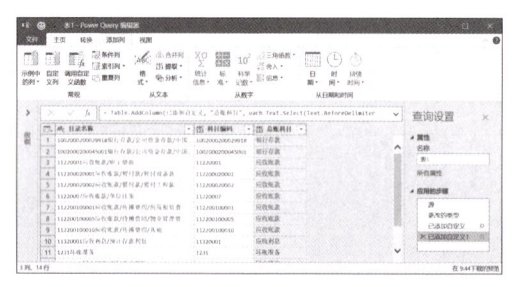

图2-46　提取的总账科目

再添加一个自定义列"一级明细"，自定义列公式如下：

= Text.BetweenDelimiters([目录名称],"/","/")

添加自定义列，如图 2-47 所示。

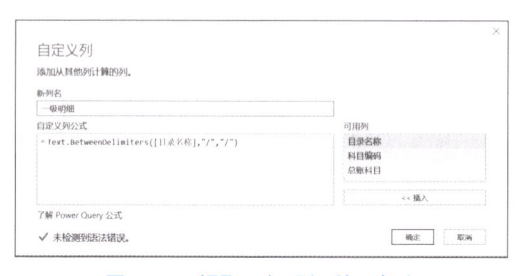

图2-47　提取一级明细科目名称

这样得到"一级明细"列，如图 2-48 所示。

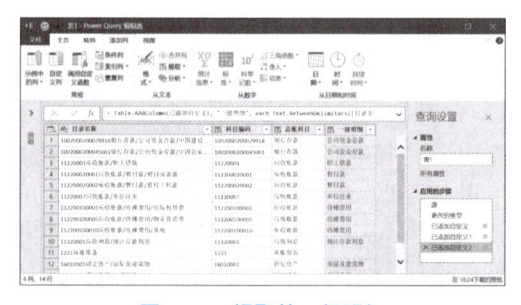

图2-48　提取的一级明细

再添加一个自定义列"二级科目",自定义列公式如下:

= Text.BetweenDelimiters([目录名称],"/","/",1,0)

添加自定义列,如图 2-49 所示。

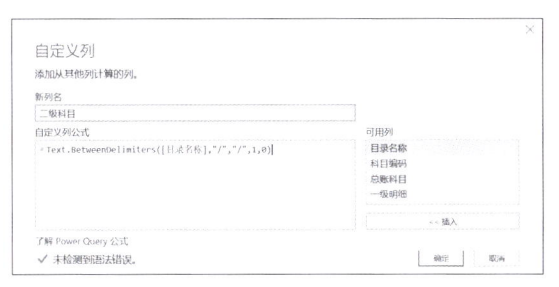

图2-49　提取二级科目

这样得到"二级科目"列,如图 2-50 所示。

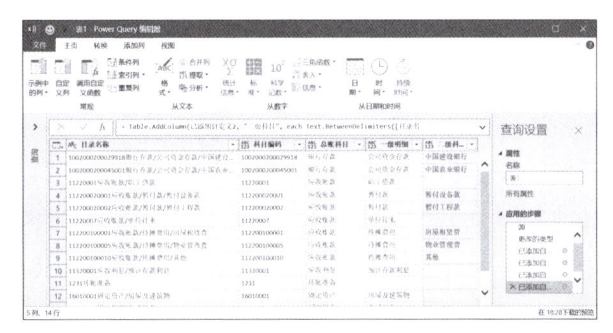

图2-50　提取的二级科目

最后关闭查询,将数据上传为表,得到需要的最终结果,如图 2-51 所示。

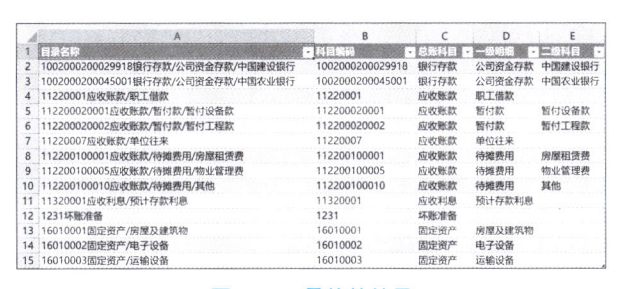

图2-51　最终的结果

案例2-8

图 2-52 所示是一张记账表,括号内的数字为内部支票号,要求从"摘要"列中提取内部支票号。

这里使用 Text.Select 函数最简单,自定义列公式如下:

= Text.Select([摘要],{"0".."9"})

添加自定义列,如图 2-53 所示。

图2-52　记账表

图2-53　提取内部支票号

提取出的内部支票号如图2-54所示。

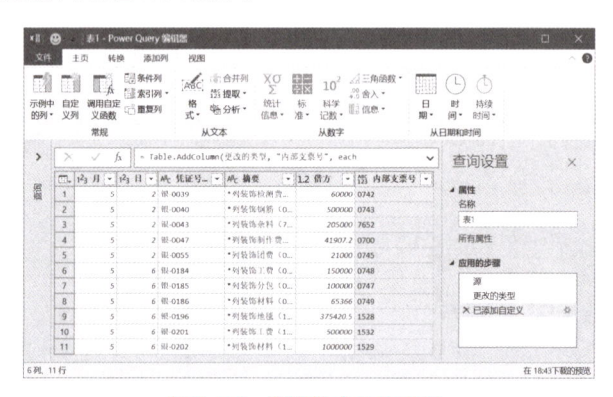

图2-54　提取的内部支票号

这个例子也可以使用Text.BetweenDelimiters函数，自定义列公式为：
= Text.BetweenDelimiters([摘要],"（",")")

案例2-9

图2-55所示的"科目名称"列中科目编码和科目名称连在一起，现在要求从该列中分别提取科目编码和科目名称。

科目编码是数字；科目名称是由字母、空格和斜杠组成的字符串，字母可以是大写字母。

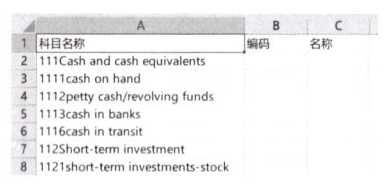

图2-55　科目编码和科目名称连在一起

建立查询，添加自定义列"编码"，自定义列公式如下：
= Text.Select([科目名称],{"0".."9"})

添加自定义列，如图2-56所示。

再添加一个自定义列"名称"，自定义列公式如下：

```
= Text.Select([科目名称],{"A".."z"," ","/"})
```

添加自定义列，如图 2-57 所示。

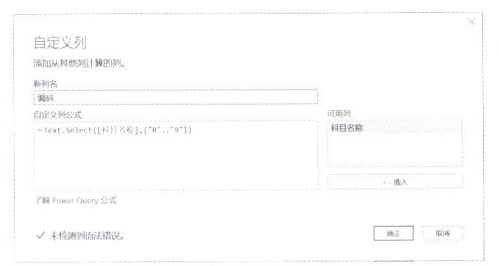

图2-56　准备提取科目编码　　　　　　　图2-57　准备提取科目名称

这样即可得到科目编码和科目名称，如图 2-58 所示。

最后关闭查询，上传数据，结果如图 2-59 所示。

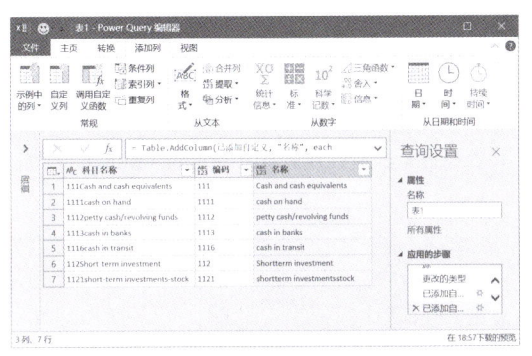

图2-58　提取的科目编码和科目名称　　　图2-59　最终结果

使用 Text.Select 函数（以及 Text.Remove 函数）提取指定类型字符，只需要指定要选择的字符即可。但是，如果要选择某类字符，则需要构建一个字符列表。常用的字符列表如下所示：

- 0~9 的数字：{"0".."9"}。
- 大写字母 A~Z：{"A".."Z"}。
- 小写字母 a~z：{"a".."z"}。
- 全部大写字母和小写字母：{"A".."z"}，或者 {"A".."Z","a".."z"}。
- 常用的汉字：{" 一 ".." 龟 "}。
- 带小数点的数字：{"0".."9","."}。
- 带小数点以及负号的数字：{"0".."9",".","-"}。

2.3　清除字符

实际数据处理中，经常要对文本字符进行清洗和加工，以清除字符前后的特殊字符，剔除不需要的字符。常见的用于消除字符的文本函数如下：

- Text.Remove
- Text.RemoveRange
- Text.Clean
- Text.Trim
- Text.TrimStart
- Text.TrimEnd

2.3.1 Text.Remove 函数：剔除指定的字符

如果要剔除文本字符串中某个字符或者字符集，留下要保留的字符，可以使用 Text.Remove 函数。

Text.Remove 函数的用法如下：

= Text.Remove(文本字符串，要剔除的单个字符或者字符集)

例如，下面的公式是将字符串 "A/B/C//D/E///G" 中的斜杠 "/" 全部清除，得到字符串 "ABCDEG"：

= Text.Remove("A/B/C//D/E///G","/")

下面的公式是将字符串"预算底稿V1.2版"中的字符"版"清除，得到字符串"预算底稿V1.2"：

= Text.Remove("预算底稿V1.2版","版")

下面的公式是将字符串 "2020年预算底稿 V1.2 版" 中的所有数字、大写字母V、句点"."、汉字"年"全部清除，得到字符串 "预算底稿"：

= Text.Remove("2020年预算底稿V1.2版",{"0".."9","V","."," 年 "})

但是，下面的公式是错误的，因为 2020 不是一个单节字符。

= Text.Remove("2020年预算底稿V1.2版","2020")

也就是说，Text.Remove 函数只能剔除一个字符或者一个字符集。

如果要剔除连续多个字符，就需要使用 Text.Replace 函数或者 Text.ReplaceRange 函数。

案例2-10

在案例 2-9 中，使用 Text.Select 函数获取科目编码比较简单，这是因为科目编码是 0~9 的数字。但是使用 Text.Select 函数获取总账科目就比较复杂。此时，可以换个思路，使用 Text.Remove 函数简化计算量，也就是将 0~9 的数字剔除，剩下的不就是总账科目吗？

此时，相关公式如下：

提取科目编码：= Text.Select([科目名称],{"0".."9"})

提取总账科目：= Text.Remove([科目名称],{"0".."9"})

添加自定义列，如图 2-60 所示。

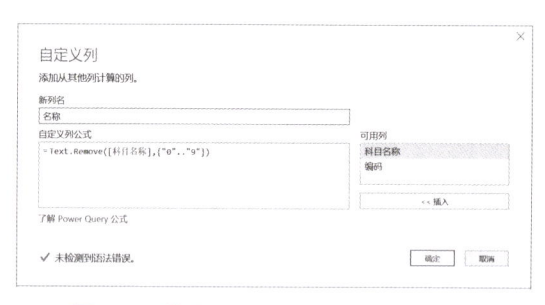

图2-60 使用Text.Remove提取总账科目

案例2-11

图 2-61 所示是成品下料尺寸数据，包含规格、数量和单位。

例如，0.7*180*860/1 件，斜杠前面的 0.7*180*860 是规格，斜杠后面的 1 是数量，最后的一个汉字是单位。

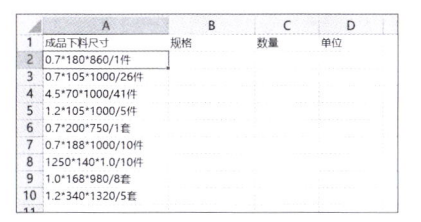

图2-61 成品下料尺寸数据

建立查询，添加自定义列"规格"，先使用Text.BeforeDelimiter函数提取规格，公式如下：

= Text.BeforeDelimiter([成品下料尺寸],"/")

添加自定义列，如图2-62所示。

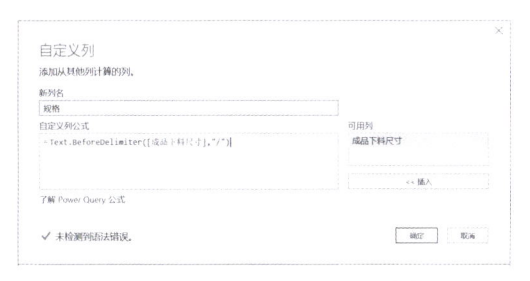

图2-62 使用Text.BeforeDelimiter函数提取规格

提取的规格如图2-63所示。

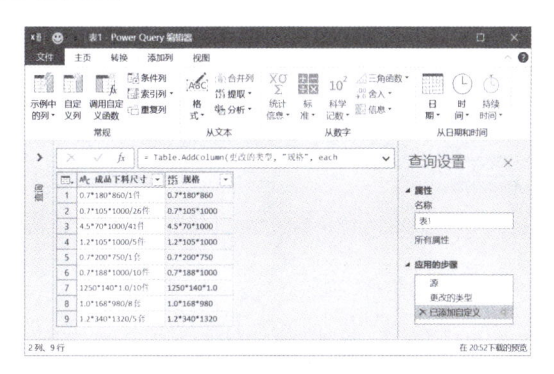

图2-63 提取的规格

添加自定义列"数量"，自定义列公式如下：

= Number.From(Text.Remove(Text.AfterDelimiter([成品下料尺寸],"/"),{"件","套"}))

添加自定义列，如图2-64所示。

图2-64 准备提取数量

这个公式分成三步完成数量的提取。

步骤① 使用 Text.AfterDelimiter 函数提取斜杠后面的字符。

步骤② 使用 Text.Remove 函数将步骤1取出的字符中的汉字"件"和"套"剔除。

步骤③ 使用 Number.From 函数将得到的文本数字转换为纯数字。

这样就得到数量数字，如图 2-65 所示。

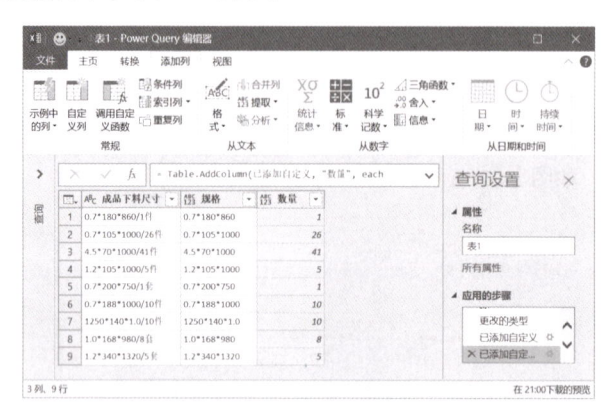

图2-65　提取的数量

再添加自定义列"单位"，使用 Text.End 函数提取单位，公式如下：

= Text.End([成品下料尺寸],1)

也可以使用 Text.Select 函数提取单位，公式如下：

= Text.Select([成品下料尺寸],{"件","套"})

添加自定义列，如图 2-66 所示。

图2-66　提取单位

这样得到提取的规格、数量和单位，如图 2-67 所示。

注意事项如下：

- Text.Remove 函数只能移除单个字符或者字符集，不能移除多个字符。
- 如果要移除某类字符，需要构建字符列表，常见的字符列表参阅 2.2.9 小节相关内容。
- 如果要批量移除多个字符，可以使用 Text.RemoveRange 函数或者 Text.Replace 函数。

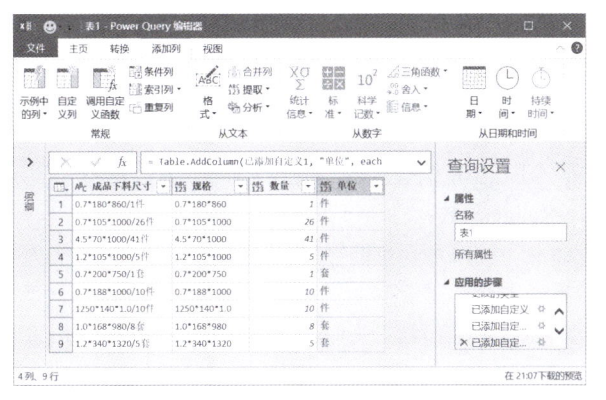

图2-67　提取的数据

2.3.2　Text.RemoveRange 函数：剔除指定位置、指定个数的字符

如果要把文本字符串中指定位置的多个字符剔除，可以使用 Text.RemoveRange 函数。Text.RemoveRange 函数的用法如下：

= Text.RemoveRange (文本字符串，起始位置索引号，要剔除的字符个数)

第二个参数"起始位置索引号"是指定的开始位置，第一个字符的位置索引号是 0，第二个字符的位置索引号是 1，以此类推。

第三个参数"要剔除的字符个数"是可选参数，如果忽略，就是剔除 1 个字符。但如果给定了字符个数，就不能超出原字符串字符个数的范围。

例如，下面的公式删除字符串 "ABCDEG" 的第三个字符 C，得到新字符 "ABDEG"：

= Text.RemoveRange("ABCDEG",2)

下面的公式删除字符串 "ABCDEG" 中第二个字符后的两个字符 CD，得到新字符 "ABEG"：

= Text.RemoveRange("ABCDEG",2,2)

下面的公式删除字符串 "2020年预算底稿V1.2版" 中的前五个字符"2020年"，它们的位置索引号是 0，要移除的字符个数为 5，得到新字符 " 预算底稿 V1.2 版 "：

= Text.RemoveRange("2020年预算底稿V1.2版",0,5)

案例2-12

图 2-68 所示是一张工程数据资料表，现在需要从"工程类别编号"列中提取工程编码。

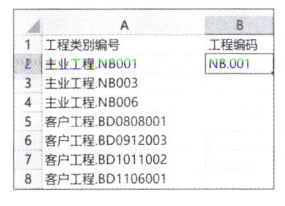

图2-68　工程数据资料表

由于工程编码前面是固定的 5 个字符（4 个汉字和 1 个句点），因此既可以使用 Text.

Middle 函数，也可以使用 Text.RemoveRange 函数或 Text.Remove 函数，当然也可以使用 Text.Select 函数。

下面是几个公式的比较，读者可以自行练习。

使用 Text.Middle 函数：

```
= Text.Middle([工程类别编号],5,100)
```

使用 Text.RemoveRange 函数：

```
= Text.RemoveRange([工程类别编号],0,5)
```

使用 Text.Remove 函数：

```
= Text.Remove([工程类别编号],{"一".."龟","."})
```

使用 Text.Select 函数：

```
=Text.Select([工程类别编号],{"A".."Z","0".."9"})
```

Text.RemoveRange 函数在实际数据处理中，使用得并不多。因为这个函数需要知道开始位置，而恰恰开始位置是变化的，这就限制了 Text.RemoveRange 函数的应用。但是，在某些固定位置、固定长度字符的情况下，使用 Text.RemoveRange 函数还是比较方便的。

2.3.3 Text.Clean 函数：清除字符串中的非打印字符

在 Excel 中，如果要清除字符串中的非打印字符，可以使用 CLEAN 函数。在 M 语言中，也有一个函数可以清除字符串中的非打印字符（如换行符），这就是 Text.Clean 函数。

Text.Clean 函数的基本用法如下：

```
= Text.Clean(文本字符串)
```

2.3.4 Text.Trim 函数：清除字符串两端指定的字符

在 Excel 中，如果要清除字符串两端的指定字符（主要是空格），可以使用 TRIM 函数。而在 M 函数中，这个任务就交给了 Text.Trim 函数。

Text.Trim 函数的用法如下：

```
= Text.Trim(文本字符串，指定单个字符或字符集)
```

第二个参数"指定单个字符或字符集"是可选参数，可以指定单个字符，也可以是多个字符的集合，如果忽略，就只清除字符串两端的空格。

下面的公式是把字符串 " XYQ-589A-MXY " 两端的空格全部清除，得到一个两端没有空格的字符串 "XYQ-589A-MXY"：

```
= Text.Trim("  XYQ-589A-MXY    ")
```

下面的公式是将字符串 "XYQ-589A-MXY" 两端的字母 X 和 Y 清除，得到一个字符串 "Q-589A-M"：

```
= Text.Trim("XYQ-589A-MXY",{"X","Y"})
```

下面的公式是将字符串 "XYQ-589A-MXY" 两端的字母 X 清除，得到一个字符串 " YQ-589A-MXY"：

```
= Text.Trim("XYQ-589A-MXY","X")
```

下面公式是将字符串 "100395XYQ-589A-MXY2019" 两端的数字清除，得到一个字符串 " XYQ-589A-MXY "：

```
= Text.Trim("100395XYQ-589A-MXY2019",{"0".."9"})
```

案例2-13

图 2-69 所示的是一组原始数据，现在要求将"编码名称"列字符串前面的"付款："和"工程："以及后面的年份数字删除。

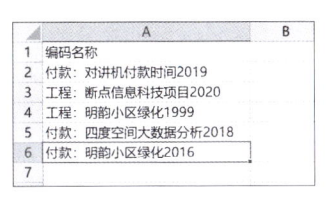

图2-69　原始数据

建立查询，添加自定义列"项目名称"，删除前后指定字符，自定义列公式如下：
= Text.Trim([编码名称],{"工","程","付","款","：","0".."9"})

添加自定义列，如图 2-70 所示。

图2-70　删除前后指定字符

得到的结果如图 2-71 所示。

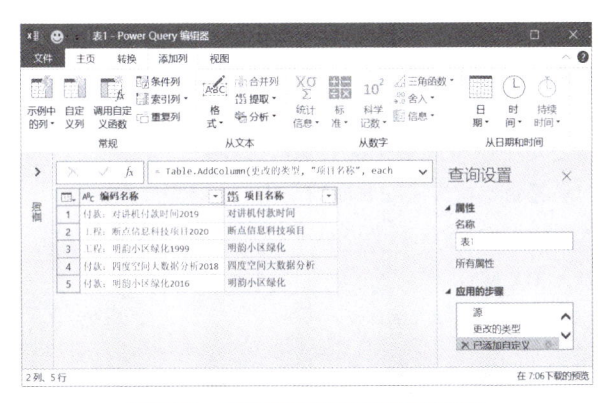

图2-71　删除前后指定字符后的数据

Text.Trim 函数删除字符串两端指定的字符，可以是指定的一个字符，也可以是指定的多个字符的集合，后者要注意输入这些字符的列表。

当忽略函数的第二个参数时，仅仅删除字符串两端的空格，但对字符串中间存在的空格没有任何作用，这一点与 Excel 中的 TRIM 函数不一样。

如果字符串前后没有要清除的指定字符，函数就会报错。

2.3.5　Text.TrimStart 函数：清除字符串前面的指定字符

如果要清除字符串前面的指定字符，可以使用 Text.TrimStart 函数。

Text.TrimStart 函数的用法与 Text.Trim 函数一样，语法如下：

```
= Text.TrimStart(文本字符串，指定单个字符或字符集)
```

第二个参数"指定单个字符或字符集"是可选参数，可以指定单个字符，也可以指定多个字符的集合，如果忽略，就只清除前面的空格。

下面的公式是将字符串 " XYQ-589A-MXY " 前面的空格全部清除，得到前面没有空格的字符串 " XYQ-589A-MXY "：

```
= Text.TrimStart("  XYQ-589A-MXY  ")           //结果是：" XYQ-589A-MXY  "
```

下面的公式是将字符串 "XYQ-589A-MXY" 最前面的字母 X 和 Y 清除，得到一个字符串 " Q-589A-MXY"：

```
= Text.TrimStart("XYQ-589A-MXY",{"X","Y"})    //结果是：" Q-589A-MXY"
```

下面的公式是将字符串 "XYQ-589A-MXY" 前面的字母 X 清除，得到一个字符串 " YQ-589A-MXY "：

```
= Text.TrimStart("XYQ-589A-MXY","X")          //结果是：" YQ-589A-MXY "
```

下面的公式是将字符串 "1039XYQ-589A-MXY2019" 前面的数字清除，得到一个字符串 " XYQ-589A-MXY2019"：

```
= Text.TrimStart("1039XYQ-589A-MXY2019",{"0".."9"}) //结果是："XYQ-589A-MXY2019"
```

2.3.6　Text.TrimEnd 函数：清除字符串后面的指定字符

如果要清除字符串后面的指定字符，可以使用 Text.TrimEnd 函数。

Text.TrimEnd 函数的用法与 Text.TrimStart 函数一样，语法如下：

```
= Text.TrimEnd(文本字符串，指定单个字符或字符集)
```

第二个参数"指定单个字符或字符集"是可选参数，可以指定单个字符，也可以指定多个字符的集合，如果忽略，就只清除后面的空格。

下面的公式是将字符串 " XYQ-589A-MXY " 后面的空格全部清除，得到后面没有空格的字符串 " XYQ-589A-MXY "：

```
= Text.TrimEnd("  XYQ-589A-MXY  ")            //结果是："  XYQ-589A-MXY "
```

下面的公式是将字符串 "XYQ-589A-MXY" 后面的字母 X 和 Y 清除，得到一个字符串 "XYQ-589A-M"：

```
= Text.TrimEnd("XYQ-589A-MXY",{"X","Y"})      //结果是：" XYQ-589A-M"
```

下面的公式是将字符串 "XYQ-589A-MXY" 后面字母 Y 清除，得到一个字符串 "XYQ-589A-MX"：

```
= Text.TrimEnd("XYQ-589A-MXY","Y")            //结果是：" XYQ-589A-MX"
```

下面的公式是将字符串 "1039XYQ-589A-MXY2019" 后面的数字清除，得到一个字符串 "1039XYQ-589A-MXY"：

    = Text.TrimEnd("1039XYQ-589A-MXY2019",{"0".."9"})   // 结果是："1039XYQ-589A-MXY"

2.4 替换字符

如果需要将字符串中指定的字符替换为另外指定的字符，在 Excel 中，可以使用 SUBSTITUTE 函数或者 REPLACE 函数。在 M 语言中，可以使用 Text.Replace 函数或者 Text.ReplaceRange 函数完成。

2.4.1 Text.Replace 函数：替换指定字符

Text.Replace 函数用于将字符串中指定的字符替换为另外的字符，与 Excel 中的 SUBSTITUTE 函数基本相同。其用法如下：

=Text.Replace(字符串,旧字符,新字符)

下面的公式就是将字符串 "AX-BX-CX-DX" 中的 X 全部替换为 Q，得到新字符串 "AQ-BQ-CQ-DQ"：

    = Text.Replace("AX-BX-CX-DX","X","Q")   // 结果："AQ-BQ-CQ-DQ"

下面的公式就是将字符串 "AX-BX-CX-DX" 中的 X 全部替换为空值，得到新字符串 "A-B-C-D"：

    = Text.Replace("AX-BX-CX-DX","X","")   // 结果："A-B-C-D"

下面的公式就是将字符串 " 新技术 2019 论坛 " 中的 2019 替换为 2020，得到新字符串 " 新技术 2020 论坛 "：

    = Text.Replace(" 新技术 2019 论坛 ","2019","2020") // 结果：" 新技术 2020 论坛 "

Text.Replace 函数既可以替换一个指定单节字符，也可以替换一个指定的多节字符。

案例2-14

图 2-72 所示的是一组原始数据，现要求将"目录名称"列的"科目:"删除。

建立查询，添加自定义列"科目名称"，替换原字符串中的"科目"，自定义列公式如下：

    = Text.Replace([目录名称],"科目:","")

添加自定义列，如图 2-73 所示。

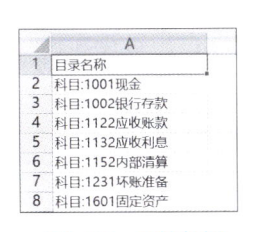

图2-72　原始数据　　　　图2-73　替换原字符串中的"科目:"

这个问题也可以使用 Text.TrimStart 函数，公式如下：

```
=Text.TrimStart([目录名称],{"科","目",":"})
```

还可以使用 Text.Remove 函数，公式如下：

```
=Text.Remove([目录名称],{"科","目",":"})
```

但这两个公式，都不如 Text.Replace 函数的公式简单。

2.4.2　Text.ReplaceRange 函数：从指定位置替换指定个数字符

如果要从字符串的指定位置替换指定个数字符，就需要使用 Text.ReplaceRange 函数，它对应 Excel 的 REPLACE 函数。

Text.ReplaceRange 函数的用法如下：

```
=Text.ReplaceRange(字符串,指定位置,字符个数,新字符)
```

例如，要将字符串 "ABCDEFGHKM" 中，从第三个位置开始的四个字符，替换成 1234，则公式如下，计算结果为 "AB1234GHKM"：

```
= Text.ReplaceRange("ABCDEFGHKM",2,4,"1234")        // 结果: "AB1234GHKM"
```

2.5　添加前缀和后缀以补足位数

如果要在字符串前面或后面填补字符，让字符串满足要求的位数，则可以使用 Text.PadStart 函数或 Text.PadEnd 函数。

2.5.1　Text.PadStart 函数：在字符串前面添加补足字符

Text.PadStart 函数用于在字符串前面添加补足字符，使字符串成为指定位数的字符串。其用法如下：

```
= Text.PadStart(字符串,新字符串长度,指定要填补的字符)
```

这里，第三个参数"指定要填补的字符"是可选的，如果忽略，即填补空格。

下面的公式就是将数字 "123" 前面填补三个字符 0，使之成为 6 位数的新字符串 "000123"：

```
= Text.PadStart("123",6,"0")        // 结果: "000123"
```

下面的公式是在字符串 "AB" 前面填补三个字符 2，使之成为 5 位数的新字符串 "222AB"：

```
= Text.PadStart("AB",5,"2")        // 结果: "222AB"
```

下面的公式是在字符串 "AB" 前面填补四个字符 a，使之成为 6 位数的新字符串 "aaaaAB"：

```
= Text.PadStart("AB",6,"a")        // 结果: "aaaaAB"
```

> 案例2-15

图 2-74 所示是一张原始数据表，现要求将 1 位的月份数字变为 2 位的月份文本数字。例如，1 变为 01，2 变为 02，以此类推。

图2-74 原始数据

建立基本查询，注意要先将"月"列的数据类型设置为"文本"，然后添加自定义列"月份"，将月份数字转化为2位数字，自定义列公式如下：

= Text.PadStart([月],2,"0")

添加自定义列，如图2-75所示。

图2-75 将月份数字转换为2位数字

转换的结果如图2-76所示。

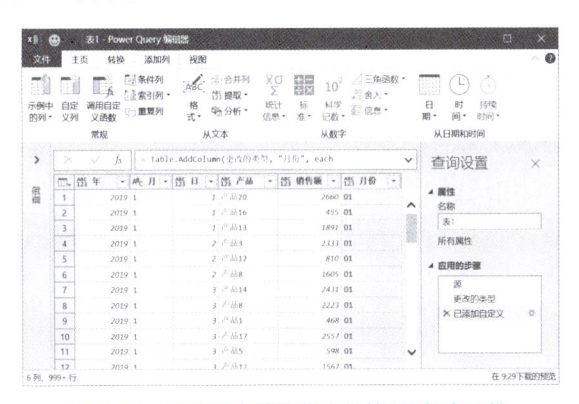

图2-76 月份数字被处理为新的2位数字月份

如果不先将该列数据类型设置为"文本"，公式就会报错，此时可以先使用Text.From函数将数字转换为文本，公式如下：

= Text.PadStart(Text.From([月]),2,"0")

如果要将2位数字的月份再转换为诸如"01月""02月""11月"的字符，可以将上述公式修改为：

```
= Text.PadStart([月],2,"0") & "月"
```

2.5.2 Text.PadEnd 函数：在字符串后面添加补足字符

Text.PadEnd 函数用于在字符串后面添加补足字符，使字符串成为指定位数的字符串。其用法如下：

```
=Text.PadEnd(字符串,新字符串长度,指定要填补的字符)
```

这里，第三个参数"指定要填补的字符"是可选的，如果忽略，就填补空格。

例如，下面的公式就是将数字字符串 "123" 后面填补三个字符 0，使之成为 6 位数的新字符串 "123000"：

```
= Text.PadEnd("123",6,"0")              //结果："123000"
```

下面的公式是在字符串 "AB" 后面填补三个字符 2，使之成为 5 位数的新字符串 "AB222"：

```
= Text.PadEnd("AB",5,"2")               //结果："AB222"
```

2.6 查找字符

如果要查找指定字符是否在字符串中存在，或者找出指定字符在字符串中的位置，则可以使用以下函数：

- ◎ Text.Contains
- ◎ Text.StartsWith
- ◎ Text.EndsWith
- ◎ Text.PositionOf
- ◎ Text.PositionOfAny

2.6.1 Text.Contains 函数：判断指定字符是否存在

Text.Contains 函数用于查找指定字符在字符串中是否存在，如果存在，结果就是 true；如果不存在，结果就是 false，用法如下：

```
=Text.Contains(字符串,要查找的字符,可选比较参数)
```

> **注意**
> 这个函数是区分大小写的。第三个参数是可选参数，一般忽略掉。

下面的公式是从字符串 "ABCDE" 中查找是否含有字母 A，结果是 true：

```
= Text.Contains("ABCDE","A")            //结果：true
```

下面的公式是从字符串 "ABCDE" 中查找是否含有字母 a，结果是 false：

```
= Text.Contains("ABCDE","a")            //结果：false
```

下面的公式是从字符串 "ABCDE" 中查找是否含有字母 CD，结果是 true：

```
= Text.Contains("ABCDE","CD")           //结果：true
```

下面的公式是从字符串 "ABCDE" 中查找是否含有字母 Cd，结果是 false：

```
= Text.Contains("ABCDE","Cd")           //结果：false
```

> **案例2-16**

图 2-77 所示是一张材料列表，需要筛选"摘要"列中含有"钢材"字符的数据。

图2-77　材料列表

这个问题的解决方法很多，可以在 Excel 中筛选，也可以在 Power Query 中筛选，当然还可以使用 M 函数设计公式筛选。

建立查询，打开"高级编辑器"对话框，增加一条下面的语句，并将 in 语句的内容改为"筛选数据"，如图 2-78 所示，即可实现通过 M 公式自动筛选数据，得到如图 2-79 所示的结果。

筛选数据 =Table.SelectRows(更改的类型，each Text.Contains([摘要], "钢材"))

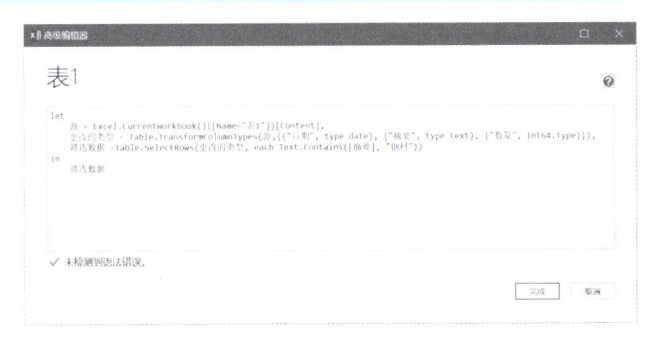

图2-78　编辑添加M公式

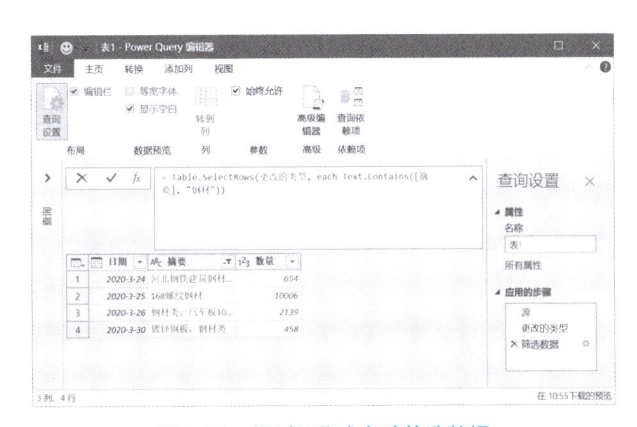

图2-79　通过M公式自动筛选数据

2.6.2　Text.StartsWith 函数：判断是否以指定字符开头

Text.StartsWith 函数用于判断某个字符串是否以指定字符开头，如果是，结果就是 true；如果不是，结果就是 false。其用法如下：

=Text.StartsWith(字符串，要查找的字符，可选比较参数)

> **注意**
>
> 这个函数是区分大小写的。第三个参数是可选参数，一般忽略掉。

下面的公式是从字符串 "ABCDE" 中查找是否以字母 A 开头，结果是 true：

```
= Text.StartsWith("ABCDE","A")           //结果: true
```

下面的公式是从字符串 "ABCDE" 中查找是否以字母 a 开头，结果是 false：

```
= Text.StartsWith("ABCDE","a")           //结果: false
```

下面的公式是从字符串 "ABCDE" 中查找是否以字母 AB 开头，结果是 true：

```
= Text.StartsWith("ABCDE","AB")          //结果: true
```

下面的公式是从字符串 "ABCDE" 中查找是否以字母 aB 开头，结果是 false：

```
= Text.StartsWith("ABCDE","aB")          //结果: false
```

2.6.3　Text.EndsWith 函数：判断是否以指定字符结尾

Text.EndsWith 函数用于判断某个字符串是否以指定的字符结尾，如果是，结果就是 true；如果不是，结果就是 false。其用法如下：

```
=Text.EndsWith（字符串, 要查找的字符, 可选比较参数）
```

> **注意**
>
> 这个函数是区分大小写的。第三个参数是可选参数，一般忽略掉。

下面的公式是从字符串 "ABCDE" 中查找是否以字母 E 结尾，结果是 true：

```
= Text.EndsWith ("ABCDE","E")  //结果: true
```

下面的公式是从字符串 "ABCDE" 中查找是否以字母 e 结尾，结果是 false：

```
= Text.EndsWith ("ABCDE","e")  //结果: false
```

下面的公式是从字符串 "ABCDE" 中查找是否以字母 DE 结尾，结果是 true：

```
= Text.EndsWith ("ABCDE","DE")           //结果: true
```

下面的公式是从字符串 "ABCDE" 中查找是否以字母 de 结尾，结果是 false：

```
= Text.EndsWith ("ABCDE","de")           //结果: false
```

2.6.4　Text.PositionOf 函数：查找指定字符出现的位置

Text.PositionOf 函数用于查找指定字符在字符串中出现的位置，相当于 Excel 的 FIND 函数。其用法如下：

```
=Text.PositionOf(字符串，要查找的字符，指定哪次出现，可选比较参数)
```

- 第三个参数是可选参数，如果忽略，默认查找第一次出现的位置。
- 第四个参数是可选参数，一般忽略掉。
- Text.PositionOf 函数是区分大小写的。
- 该函数查找得到的位置索引是从 0 开始的。
- 如果找不到指定的字符，函数的结果是 -1。
- 例如，下面的公式是在字符串 "ANSG-x-405-x01" 中查找 x 第一次出现的位置，结果是 5：

```
= Text.PositionOf("ANSG-x-405-x01","x")
```

也可使用以下公式：

```
= Text.PositionOf("ANSG-x-405-x01","x",Occurrence.First)
```

下面的公式是在字符串 "ANSG-x-405-x01" 中查找 x 最后一次出现的位置，结果是 11：

```
= Text.PositionOf("ANSG-x-405-x01","x", Occurrence.Last)
```

下面的公式是在字符串 "ANSG-x-405-x01" 中查找 405 出现的位置，结果是 7：

```
= Text.PositionOf("ANSG-x-405-x01","405")
```

下面公式的结果是 –1，因为在字符串 "ANSG-x-405-x01" 中查找不到 Q：

```
= Text.PositionOf("ANSG-x-405-x01","Q")
```

下面的公式是在字符串 "ANSG-x-405-x01-2x" 中将字符 x 每次出现的位置都找出来，得到的结果是一个列表（list），如图 2-80 所示。

```
= Text.PositionOf("ANSG-x-405-x01-2x","x", Occurrence.All)
```

这里第三个参数设置为 Occurrence.All，找出该字符出现的所有位置。

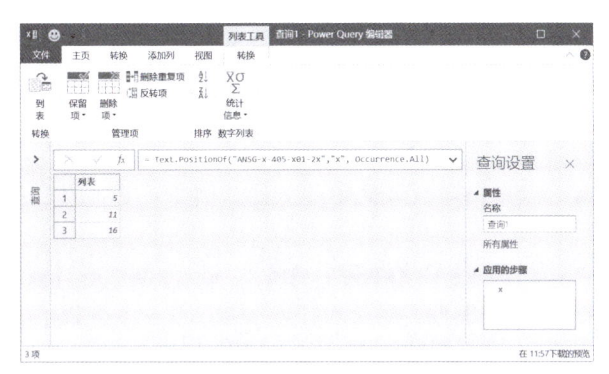

图 2-80　查找指定字符出现的所有位置

2.6.5　Text.PositionOfAny 函数：查找任意字符出现的位置

Text.PositionOfAny 函数用于查找任意字符在字符串中出现的位置。其用法如下：

```
=Text.PositionOfAny(字符串，字符集，指定哪次出现)
```

第三个参数是可选参数，如果忽略，默认查找第一次出现的位置。

Text.PositionOfAny 函数是区分大小写的。

查找得到的位置索引是从 0 开始的。

例如，下面的公式是在字符串 "2020-AB-CD-BA-DC" 中查找字母 A 或 B 第一次出现的位置，结果是 5（即第 6 个字母是要找的字母 A 或者 B）：

```
= Text.PositionOfAny("2020-AB-CD-BA-DC",{"A","B"})
```

下面的公式是在字符串 "2020-AB-CD-BA-DC" 中查找字母 A 或 B 最后出现的位置，结果是 12（即第 13 个字母是要找的 A 或 B 最后出现的位置）：

```
= Text.PositionOfAny("2020-AB-CD-BA-DC",{"A","B"}, Occurrence.Last)
```

下面的公式是在字符串 "2020-AB-CD-BA-DC" 中，查找字母 A 或 B 每次出现的位置，结果是 {5,6,11,12}，如图 2-81 所示。也就是说，A 或 B 每次出现的位置分别是第 6 个、第 7 个、第 12 个和第 13 个。

```
= Text.PositionOfAny("2020-AB-CD-BA-DC",{"A","B"}, Occurrence.All)
```

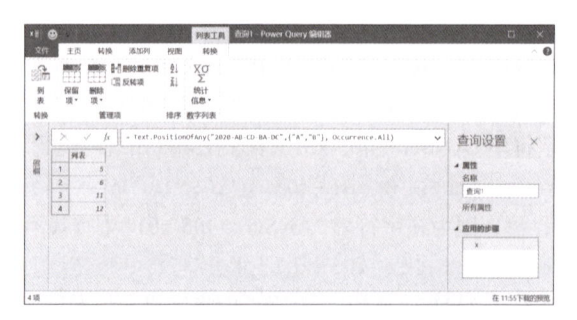

图2-81 查找多个字符在字符串中出现的所有位置

2.7 合并字符文本

如果要将几个字符以指定的分隔符进行合并，可以使用连接运算符，也可以使用 Text.Combine 函数，结合具体情况，选择用简单的方法。

2.7.1 使用连接符"&"合并文本

使用连接符"&"合并文本是最简单的方法，例如，下面的公式结果就是字符串 "AB"：

```
= "A" & "B"              // 结果："AB"
```

下面的公式结果就是字符串 "A--B"：

```
= "A" & "--" & "B"       // 结果："A--B"
```

2.7.2 Text.Combine 函数：以指定分隔符合并文本

表格数据处理，使用 Text.Combine 函数以指定分隔符合并文本，无疑是最方便的。其用法如下：

```
= Text.Combine(字符集, 分隔符)
```

> **注意**
> 需要合并的字符必须是一个字符集列表。

例如，下面的公式就是将字母 AA、BB 和 CC 以分隔符"/"合并起来，得到新的字符串 "AA/BB/CC"：

```
= Text.Combine({"AA","BB","CC"},"/")         // 结果："AA/BB/CC"
```

案例2-17

图 2-82 所示是保存年、月、日三列数字的表格，现在要求将它们合并成完整日期。

因为表格中的年、月、日三列数字是纯数字，并不是文本，所以可以先将它们的数据类型设置为"文本"，然后添加自定义列"日期"，合并年、月、日为完整日期。自定义列公式如下：

```
= Date.FromText(Text.Combine({[年],[月],[日]},"-"))
```

添加自定义列，如图 2-83 所示。

得到完整日期，如图 2-84 所示。

如果事先没有把年、月、日三列的数据类型设置为"文本"，那么上面的公式就会报错，如图 2-85 所示。

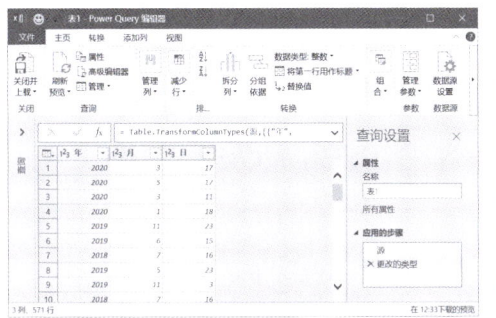

图2-82　保存三列数字的表格

图2-83　合并为完整日期

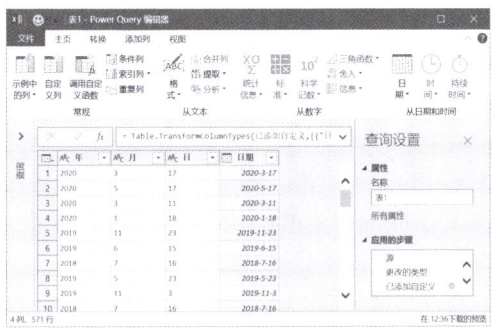

图2-84　得到完整日期

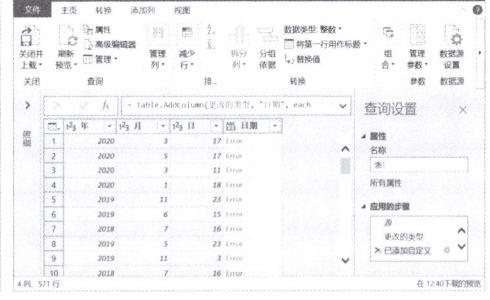

图2-85　原始数据为数字，Text.Combine函数报错

此时，可以在公式中直接使用 Text.From 函数将年、月、日数据转换为文本，公式如下：

```
=Date.FromText(Text.Combine(
{Text.From([年]),Text.From([月]),Text.From([日])},"-"))
```

2.8 插入和重复字符

如果要在字符串中插入和重复字符，可以使用下面的两个函数：Text.Insert 函数和 Text.Repeat 函数。

2.8.1 Text.Insert 函数：在字符串的指定位置插入字符

Text.Insert 函数用于在字符串的指定位置插入指定的字符，用法如下：

```
=Text.Insert(字符串,指定插入的位置,要插入的新字符)
```

> **注意**
> 如果指定插入的位置小于0，或者超过了原字符串的长度，就会报错。

下面的公式就是在字符串 "ABCDEF" 的第三个字符位置插入新字符 "000"，第三个字符以后的字符依次往后移位，得到新字符串 "AB000CDEF"：

```
= Text.Insert("ABCDEF",2,"000")            // 结果："AB000CDEF"
```

下面的公式是在字符串"预算分析"最后面插入新字符"讨论稿"，得到新字符串"预算分析讨论稿"，这里字符的长度是自动计算出来的：

```
= Text.Insert(" 预算分析 ",Text.Length(" 预算分析 "),"讨论稿 ")  // 结果：" 预算分析讨论稿 "
```

下面的公式是在字符串"预算分析"最前面插入新字符"2020年"，得到新字符串"2020年预算分析"：

```
= Text.Insert(" 预算分析 ",0,"2020 年 ")   // 结果："2020 年预算分析 "
```

2.8.2 Text.Repeat 函数：重复生成字符串

Text.Repeat 函数用于重复字符，以生成一个新字符串，用法如下：

```
=Text.Repeat（要重复的字符,重复次数）
```

例如，下面的公式就是在将字符 A 重复 5 次，生成新字符串 "AAAAA"：

```
= Text.Repeat("A",5)                      // 结果："AAAAA"
```

下面的公式是将字符串 A0 重复 5 次，生成新字符串 "A0A0A0A0A0"：

```
= Text.Repeat("A0",5)                     // 结果："A0A0A0A0A0"
```

2.9 将数字转换为文本

文本转换函数 Text.From 的作用就是将数字、日期、时间等转换为文本，类似于 Excel 的 TEXT 函数。

在文本转换中，常用的函数有：

- Text.From
- Text.Format

2.9.1 Text.From 函数：将数字、日期和时间转换为文本

数字是无法使用文本函数进行处理的，需要先将其转换为文本数据，此时，可以使用 Text.From 函数，其用法为：

```
=Text.From( 数值 ,WIN 系统选项 )
```

例如，下面的公式是将数字 10485 转换为文本 "10485"：

```
= Text.From(10485)                        // 结果："10485"
```

例如，下面的公式是将日期 2020-4-7 转换为文本 "2020/4/7"：

```
= Text.From(#date(2020,4,7))              // 结果："2020/4/7"
```

例如，下面的公式是将日期 2020-4-7 转换为文本 "4/7/2020"：

```
= Text.From(#date(2020,4,7),"en-CN")      // 结果："4/7/2020"
```

2.9.2 Text.Format 函数：格式化文本字符串

Text.Format 函数用于格式化文本字符串，即按照指定的格式对文本字符串进行转换，其用法为：

```
=Text.Format( 需要格式化的文本字符串 ,字符集 ,区域选项 )
```

例如，下面的公式结果是"今天是 2020 年 4 月 7 日"：

= Text.Format("今天是 #{0}年 #{1}月 #{2}日",{2020,4,7})

{0} 是取字符集 {2020,4,7} 中的第 1 个 2020，{1} 是取第 2 个 4，{1} 是取第 3 个 7。

下面的公式是构建一个文本字符串"要坚持学习 Excel，Power Query，函数和数据分析"，如图 2-86 所示。

= Text.Format("要坚持学习 #{0}，#{1}，#{2}和#{3}",{"Excel","Power Query","函数","数据分析"})

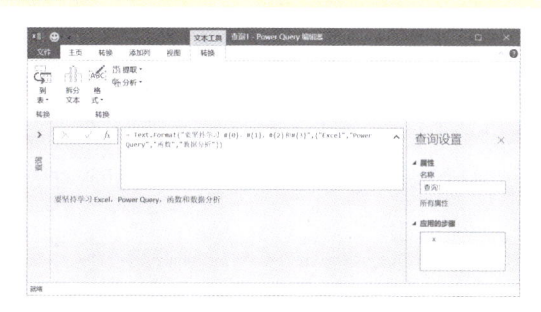

图2-86　利用Text.Format函数生成指定格式的文本字符串

案例2-18

图 2-87 所示是经过查询计算得到的每个人的考试成绩，现在要添加一列，用文字说明每个人各科的考试分数。

添加自定义列"说明"，说明各科分数，公式如下（公式中的下划线表示所有列）：

= Text.Format("各科分数:语文#[语文]/数学#[数学]/化学#[化学]/物理#[物理]",_)

添加自定义列，如图 2-88 所示。

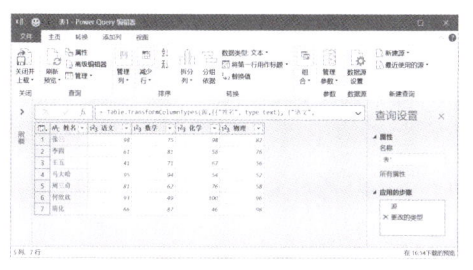

图2-87　每个人的各科考试分数　　　　图2-88　说明各科分数

这样添加一列说明文字，得到如图 2-89 所示的结果。

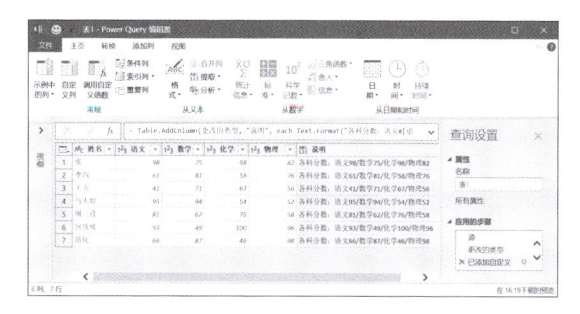

图2-89　添加一列说明文字

第2章　文本函数及其应用

49

2.10 英文字母大小写转换

如果要处理英文文本，需要注意英文字母的大小写。对英文字母的大小写进行处理，可以使用以下函数：

- Text.Lower
- Text.Upper
- Text.Proper

2.10.1 Text.Lower 函数：所有字母转换为小写

如果要把所有字母转换为小写，可以使用 Text.Lower 函数，此函数等同于 Excel 的 LOWER 函数。其用法如下（第二个参数一般忽略）：

```
=Text.Lower(文本字符串,区域选项)
```

例如，下面的公式就是将字符串 "AN-29-and-d2-OR" 中的所有字母转换为小写字母，其结果为 "an-29-and-d2-or"：

```
= Text.Lower("AN-29-and-d2-OR")          //结果："an-29-and-d2-or"
```

2.10.2 Text.Upper 函数：所有字母转换为大写

如果要把所有字母转换为大写，可以使用 Text.Upper 函数，此函数等同于 Excel 的 UPPER 函数。其用法如下（第二个参数一般忽略）：

```
=Text.Upper (文本字符串,区域选项)
```

例如，下面的公式就是将字符串 "AN-29-and-d2-OR" 中的所有字母转换为大写字母，其结果为 "AN-29-AND-D2-OR"：

```
= Text.Upper("AN-29-and-d2-OR ")          //结果： "AN-29-AND-D2-OR"
```

2.10.3 Text.Proper 函数：所有分隔的单词首字母大写

如果仅仅要把每个分隔的单词首字母转换为大写，可以使用 Text.Proper 函数，此函数等同于 Excel 的 PROPER 函数。其用法如下（第二个参数一般忽略）：

```
=Text.Proper (文本字符串,区域选项)
```

例如，下面的公式就是将字符串 "a Teacher of excel" 的每个单词的首字母转换为大写，转换后的字符串为 "A Teacher Of Excel"：

```
= Text.Proper("a Teacher of excel")          //结果： "A Teacher Of Excel"
```

2.11 Text.Reverse函数：倒序字符前后位置

在某些情况下倒序处理对数据非常有用。

例如，要从如下所示的文本中提取电话号码。

- 北京市平安大街 201 号 15 号楼张三 01062891849
- 北京市平安大街 2040 号李四 13523951128
- 深圳市南山区 3000 号王无敌 075529959040

这样的问题，无法直接使用 Text.Select 函数，也无法使用 Text.Remove 函数，更无法使用 Text.AfterDelimiter 函数。

但是，如果能从另外一个角度考虑，先将字符串倒序，将电话号码置于文本的最前面，就比较容易提取。

倒序字符前后位置的函数是 Text.Reverse 函数。其用法如下：

=Text.Reverse(字符串)

例如，下面的公式就是将字符串 "A12K60-98" 转换为 "89-06K21A"：

= Text.Reverse("A12K60-98")

案例2-19

下面来看如何解决从地址中提取电话号码的问题，已经建立的查询如图2-90所示。

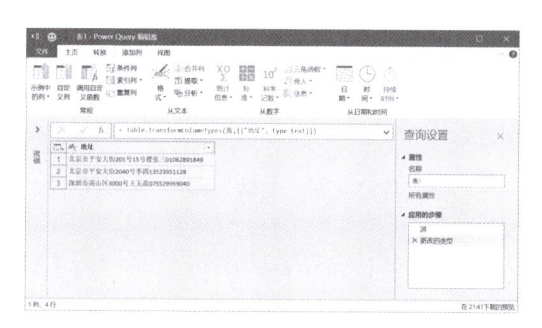

图2-90　建立基本查询

添加一个自定义列"自定义"，将原地址字符串倒序处理，公式如下：

= Text.Reverse([地址])

添加自定义列，如图 2-91 所示。

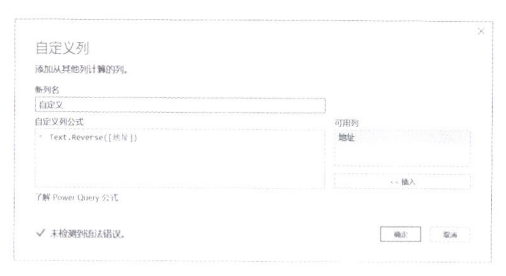

图2-91　将原地址字符串倒序

这样得到倒序原地址字符串的新列"自定义"，如图 2-92 所示。

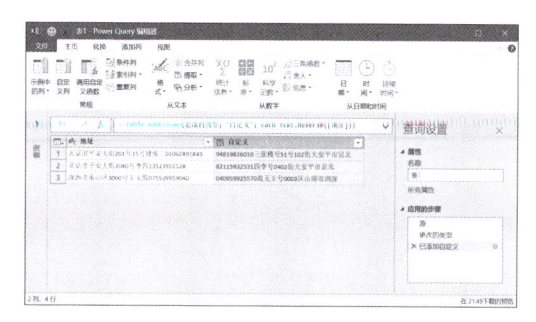

图2-92　倒序原地址字符串的新列"自定义"

选择这个自定义列，执行"转换"→"拆分列"→"按照从数字到非数字的转换"命令，如图2-93所示。

这样将"自定义"列最左侧的数字提取出来，结果如图2-94所示。

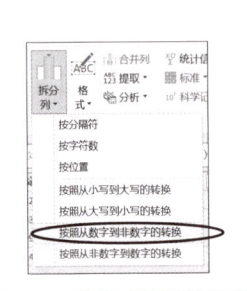

图2-93 执行"按照从数字到非数字的转换"命令

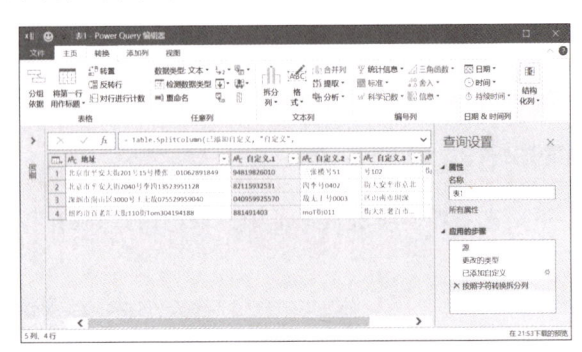

图2-94 自定义列"电话号码"

删除后面的多余列，然后添加自定义列"电话号码"，处理倒序的电话号码，自定义列公式如下：

= Text.Reverse([自定义.1])

添加自定义列，如图2-95所示。

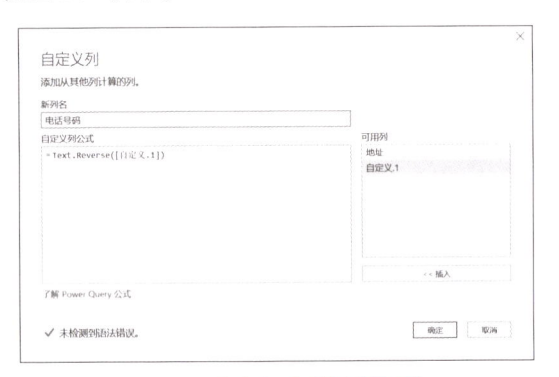

图2-95 自定义列"电话号码"

这样得到一个真正的电话号码数据，如图2-96所示。

将"自定义"列删除，关闭查询，数据上载到Excel，得到如图2-97所示的结果。

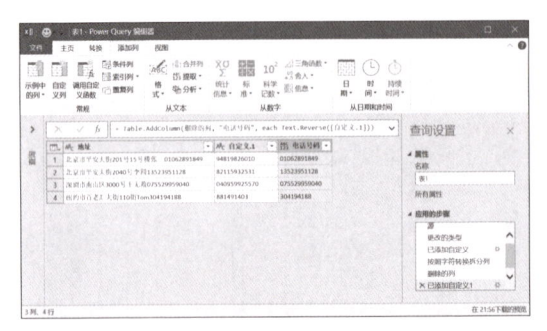

图2-96 得到的电话号码

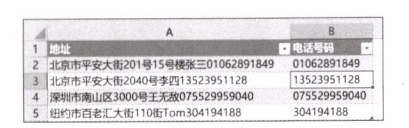

图2-97 提取的电话号码

2.12 拆分列

拆分列是数据处理加工经常要做的一项工作,既可以使用"拆分列"菜单命令完成,也可以使用 M 函数创建公式完成,常用的拆分列函数如下:

◎ Text.Split　　　　　　　　　　　　◎ Text.SplitAny

2.12.1　Text.Split 函数:按照分隔符拆分文本

Text.Split 函数可以根据指定分隔符,将文本拆分成几列,并构成一个文本值列表,用法如下:

=Text.Split(字符串,分隔符)

> **注意**
>
> Text.Split 函数得到的不是一个值,而是一个列表。

例如,下面的公式就是将字符串 "日期/产品/客户/销量",根据分隔符 "/" 拆分成列表,如图 2-98 所示。

= Text.Split("日期/产品/客户/销量","/")

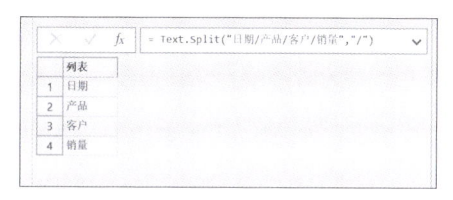

图2-98　根据分隔符拆分文本字符串

在这个拆分出的列表中,如果要把第三部分"客户"提取出来,可以把公式修改为:

= Text.Split("日期/产品/客户/销量","/"){2}

{2} 表示第三部分,这个索引号是从 0 开始的, 0 表示第一部分, 1 表示第二部分,2 表示第三部分,以此类推。

案例2-20

图 2-99 所示的是一组原始目录名称数据,现在要求从中提取数字斜杠"/"后面的总账科目名称。

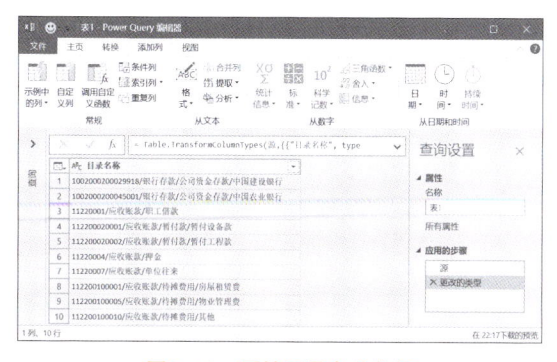

图2-99　原始目录名称数据

这个问题，既可以使用前面介绍过的 Text.BetweenDelimiters 函数解决，其公式为：

=Text.BetweenDelimiters([目录名称],"/","/")

也可以使用 Text.Split 函数解决，公式为：

= Text.Split([目录名称],"/"){1}

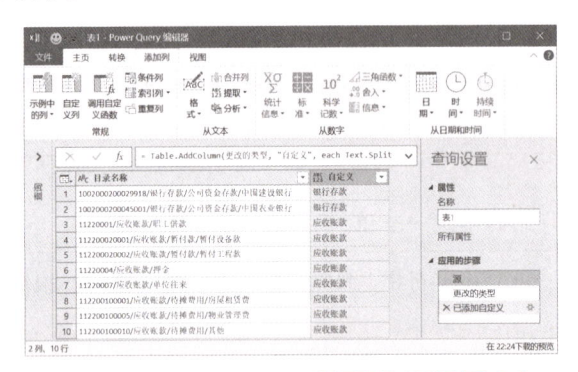

结果如图 2-100 所示。

图2-100　使用Text.Split函数提取的总账科目名称

2.12.2　Text.SplitAny 函数：按照分隔符集中的每个字符拆分文本

Text.SplitAny 函数可以根据指定的分隔符集中的每个字符，将文本拆分成几列，构成一个文本值列表，用法如下：

=Text.SplitAny(字符串,分隔符)

> **注意**
>
> Text.SplitAny函数得到的不是一个值，而是一个列表。

例如，下面的公式就是将字符串 " 日期 - 产品 / 客户 - 销量 "，根据分隔符 "/" 和 "-" 拆分成列表，如图 2-101 所示。

= Text.SplitAny(" 日期 - 产品 / 客户 - 销量 ","/-")

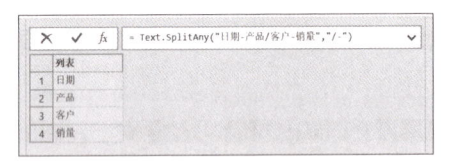

图2-101　根据分隔符拆分文本字符串

在这个拆分出的列表中，如果要将第三部分"客户"提取出来，可以将公式修改为：

= Text.SplitAny(" 日期 - 产品 / 客户 - 销量 ","/-"){2}

2.13　文本函数综合练习

本节结合三个实际案例，将文本函数综合应用起来，让读者进一步掌握这些函数的使用方法和技能。

2.13.1 提取关键数据

案例2-21

图 2-102 所示是一张包含规格描述的原始数据表，现在要从"规格描述"列中，提取字母 U、K、O 和 M 前面的数字。

例如，第 2 行要提取 0.022，第 3 行要提取 0.0047，第 4 行要提取 4.99，以此类推。

仔细观察数据特征，要提取的数字前面是逗号"，"，后面是字母 U、K、O 或 M，那么可以使用 M 函数来设计公式进行提取。

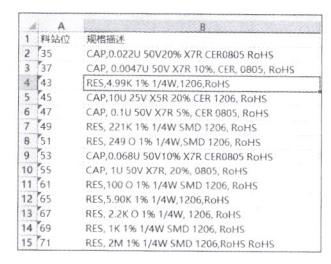

图2-102　原始数据表

建立查询，添加自定义列"数字"，提取需要的数字，计算公式如下：

= Text.Trim(Text.SplitAny([规格描述],",UKOM"){1})

这个公式的原理是：先用 Text.SplitAny 函数按照分隔符"，"、U、K、O 和 M 拆分，即可将规格描述拆分成包含数个字符的列表，然后提取这个字符列表的第二个字符，由于这个字符前后可能会有空格，因此最后使用 Text.Trim 函数清除这些空格即可。

添加自定义列，如图 2-103 所示。

图2-103　自定义列"数字"

这样得到需要的结果，如图 2-104 所示。

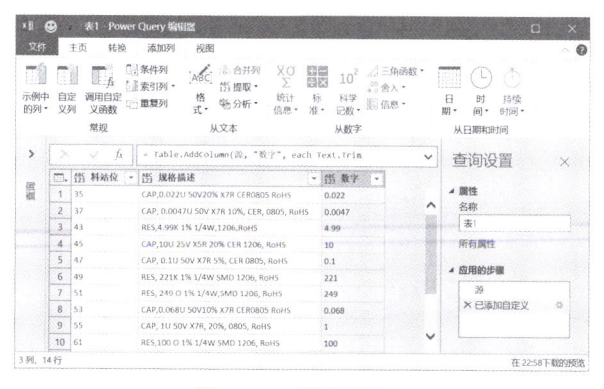

图2-104　得到的数字

案例2-22

图 2-105 所示的是一组原始数据，要求提取最后一个分隔符"-"后面的所有字母，例如，第 2 行结果是 S，第 3 行结果是 XL，第 4 行结果是 H，第 5 行结果是 L。

建立基本查询，如图 2-106 所示。

图2-105　原始数据

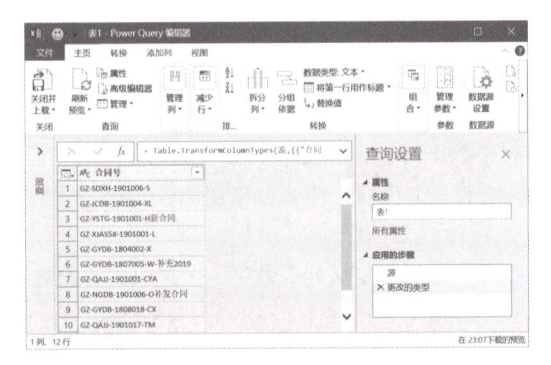

图2-106　建立基本查询

添加自定义列"字母"，提取需要的字母，其公式如下：

```
= Text.Select(Text.AfterDelimiter([合同号], "-", 2),{"A".."Z","a".."z"})
```

这个公式的原理是：先用 Text.AfterDelimiter 函数提取第 3 个分隔符"-"之后的文本，然后再用 Text.Select 函数将这个文本中的字母提取出来。

添加自定义列，如图 2-107 所示。

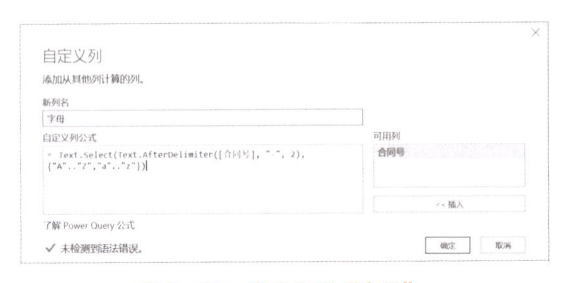

图2-107　自定义列"字母"

这样得到需要的结果，如图 2-108 所示。

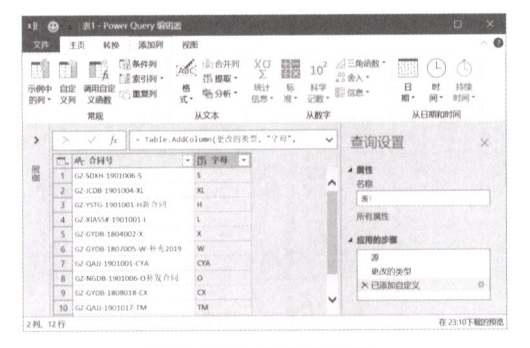

图2-108　提取的字母

2.13.2 整理表格数据

案例2-23

图 2-109 所示是一个典型的从系统导出的原始数据表格，现在要求从 B 列的科目名称中提取出部门名称和费用名称，并生成两个新列。

建立基本查询，如图 2-110 所示。

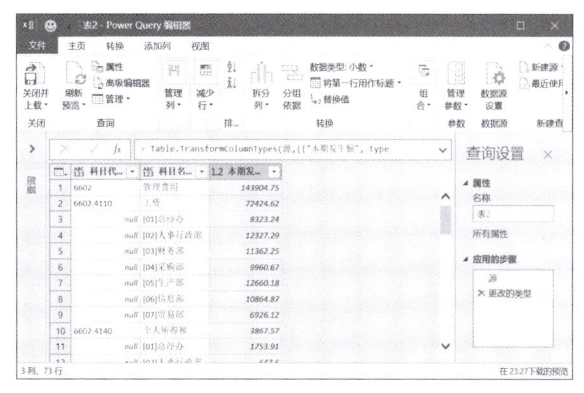

图2-109　系统导出的原始数据　　　　　　　图2-110　建立基本查询

添加自定义列"部门"，提取部门名称，公式如下：

= Text.AfterDelimiter([科目名称],"]")

添加自定义列，如图 2-111 所示。

图2-111　自定义列"部门"提取部门名称

这样得到一个新列"部门"，并提取部门名称，如图 2-112 所示。

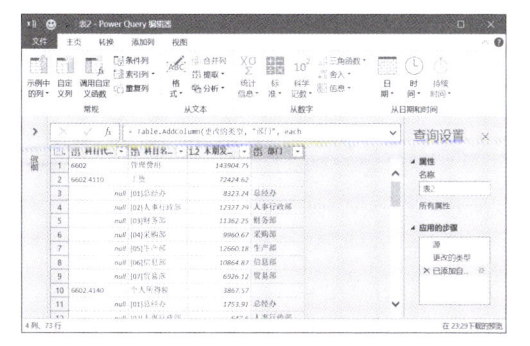

图2-112　提取的部门名称

再添加一个自定义列"费用",准备提取费用名称,公式如下:

```
= if Text.BeforeDelimiter([科目名称],"[")="" then null
    else Text.BeforeDelimiter([科目名称],"[")
```

添加自定义列,如图 2-113 所示。

这样得到如图 2-114 所示的结果。

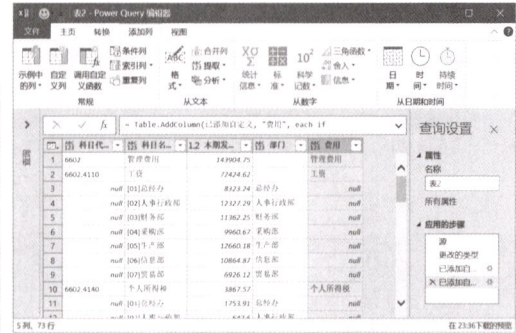

图2-113　自定义列"费用"　　　　　　图2-114　提取的费用名称

然后选择"费用"列,执行"转换"→"填充"→"向下"命令,如图 2-115 所示。这样得到需要的部门和费用两列数据,如图 2-116 所示。

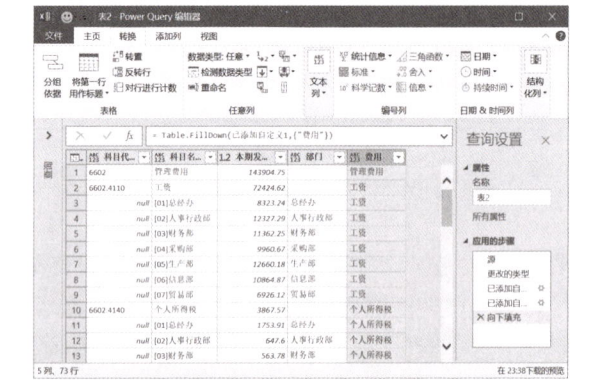

图2-115　执行"向下"命令　　　　图2-116　提取的部门和费用数据

最后关闭查询,将数据上载到 Excel 工作表即可。

第 3 章
日期函数及其应用

在Excel中，几乎每个工作表都有日期数据，因此快速处理日期非常重要。处理日期数据，除了使用Power Query菜单命令，还可以使用日期函数，这些函数都是以Date开头的。

3.1 输入日期常量与整合日期

如果要输入一个固定日期常量，就需要使用 #date 函数。如果要整合日期数字，也可以使用 #date 函数。

3.1.1 #date 函数：输入日期常量

#date 函数用于将年、月、日三个数字构建成一个真正的日期，用法如下：

```
= #date(年,月,日)
```

这三个数字的取值范围如下：

- 1 ≤ 年 ≤ 9999。
- 1 ≤ 月 ≤ 12。
- 1 ≤ 日 ≤ 31。

例如，下面的函数结果是 2020-4-8：

```
= #date(2020,4,8)
```

> **注意**
> 该函数名字的字母都是小写，并且函数名字前面必须有井号(#)。

3.1.2 #date 函数：整合年、月、日三个数为日期

#date 函数也可以对表格数据进行整理，将年、月、日三个数快速整合为日期。下面举例说明。

案例3-1

图 3-1 所示是一张表格，日期被分成了年、月、日三列保存，现在要将这三列数据生成一个完整日期列。

	A	B	C	D	E
1	年	月	日	产品	销量
2	2019	6	21	产品08	442
3	2019	10	18	产品13	1079
4	2019	4	6	产品02	598
5	2019	11	22	产品06	1061
6	2020	11	6	产品07	1163
7	2020	8	10	产品11	203
8	2019	2	2	产品06	361
9	2019	3	7	产品03	809
10	2019	7	12	产品11	223
11	2019	4	3	产品11	1051

图3-1 日期被分成了年、月、日三列保存

执行"从表格"命令，建立基本查询，如图3-2所示。

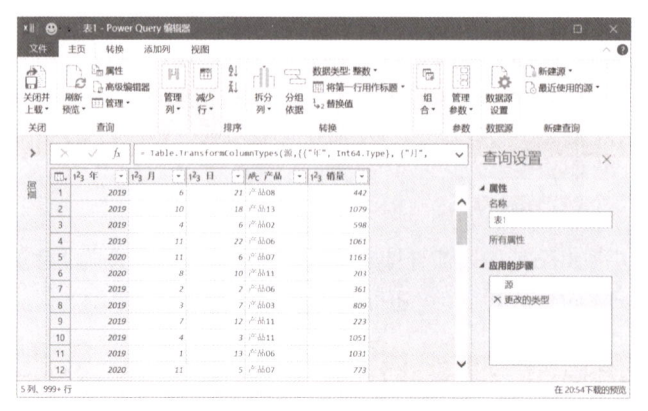

图3-2 建立基本查询

执行"添加列"→"自定义列"命令，为表添加一个自定义列"日期"，公式如下：
= #date([年],[月],[日])

添加自定义列，如图3-3所示。

这样得到一个完整日期列，如图3-4所示。

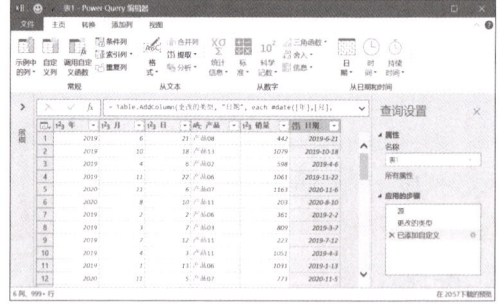

图3-3 自定义列"日期"　　　　　　　　图3-4 得到完整日期列

删除前面的年、月、日三列，将"日期"列调整到工作表的最前列，并将"日期"列的数据类型设置为"日期"，即可得到符合标准规范的标准表单，如图3-5所示。

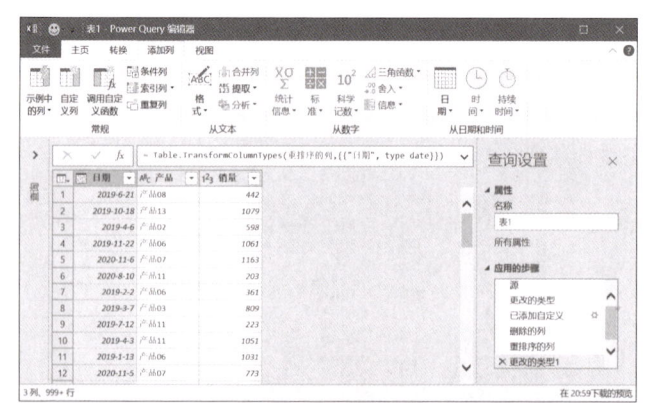

图3-5 标准表单

最后将数据导出 Excel 工作表，或者加载为链接和数据模型，就可以制作数据透视表并进行统计分析了。

3.2 将文本或数值转换为日期

在实际工作中，经常会遇到诸如 43929 这样的数值，其实它应该是一个日期 2020-4-8，也会遇到诸如 "2020-4-8" 这样的文本型日期，导致无法进行计算。此时，可以使用以下函数进行转换处理：

◎ Date.From
◎ Date.FromText

3.2.1 Date.From 函数：将数值转换为日期

Date.From 函数用于将数值转换为日期。其用法如下：

`=Date.From(数值)`

例如，下面的公式结果是 2020-4-8：

`=Date.From(43929)`　　　　　　　　// 结果是 2020-4-8

3.2.2 Date.FromText 函数：将文本型日期转换为日期

Date.FromText 函数，是根据 ISO8601 格式标准，将文本型日期转换为日期。其用法如下：

`=Date.FromText(文本型日期, 区域选项)`

文本型日期转换为日期的示例见表 3-1。

表 3-1 文本型日期转换为日期的示例

表达成日期的文本字符串	公　　式	结　　果
"2020-4-8"	= Date.From("2020-4-8")	2020-4-8
"20200408"	= Date.From("20200408")	2020-4-8
"4/8/2020"	= Date.From("4/8/2020")	2020-4-8
"2020, 4, 8"	= Date.FromText("2020, 4, 8")	2020-4-8
"Apr/8/2020"	= Date.FromText("Apr/8/2020")	2020-4-8
"2020年4月8日"	= Date.FromText("2020年4月8日")	2020-4-8
"2020年4月"	= Date.FromText("2020年4月")	2020-4-1
"2020年"	= Date.FromText("2020年")	2020-1-1
"2020, 4"	= Date.FromText("2020, 4")	2020-4-1
"2020-4"	= Date.FromText("2020-4")	2020-4-1
"2020/4"	= Date.FromText("2020/4")	2020-4-1
"2020"	= Date.FromText("2020")	2020-1-1
"780912"	= Date.FromText("19"&"780912")	1978-9-12
"200408"	= Date.FromText("20" & "200408")	2020-4-8

3.2.3 综合应用案例

案例3-2

图 3-6 所示是从系统导出的数据表格，其中"日期"列是非法格式，现在要制作每种产品各个季度、各个月的销售统计表。

"日期"列中的 190101 表示 2019-1-1，需要将其转换为日期格式。

执行"从表格"命令，建立基本查询，如图 3-7 所示。注意将第一列日期的数据类型设置为"文本"。

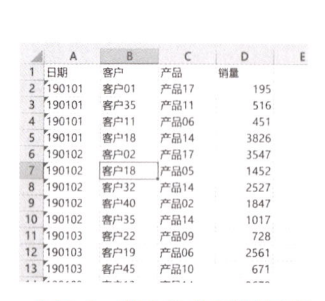

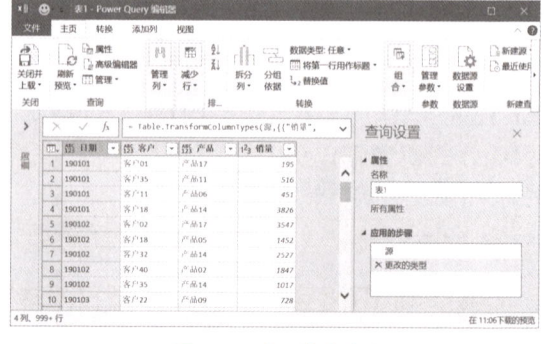

图3-6 非法格式日期的表格　　　　图3-7 建立基本查询

添加一个自定义列"销售日期"，自定义列公式如下：

= Date.FromText("20" & [日期])

如果不先将第一列数据类型设置为"文本"，那么自定义列公式就需要修改为：

= Date.FromText("20" & Text.From([日期]))

这是因为，数字和文本不是同一类型数据，不能直接进行合并运算。

添加自定义列，如图 3-8 所示。

这样得到销售日期如图 3-9 所示。

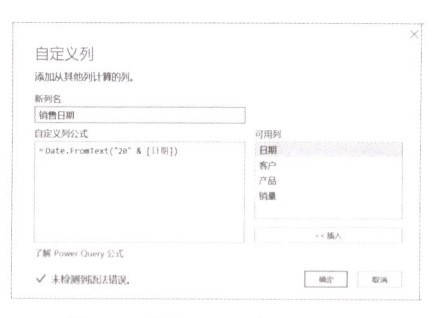

图3-8 自定义列"销售日期"　　　　图3-9 得到销售日期

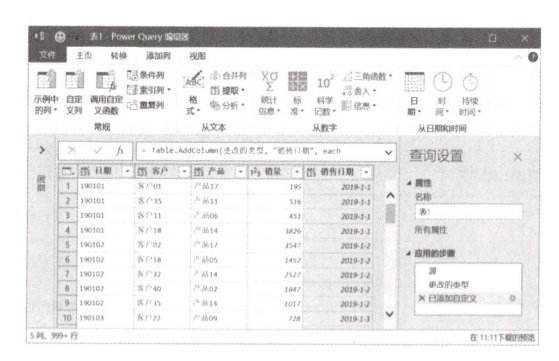

将第一列非法日期删除，将刚才得到的自定义列的数据类型设置为"日期"，并将该列移到最前面，得到的规范表格如图 3-10 所示。

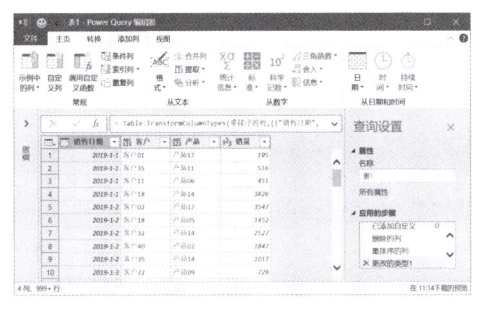

图3-10　规范表格

最后将数据导出到 Excel 工作表并制作数据透视表，或者加载为数据模型再创建 Power Pivot，即可得到各个季度、各个月的统计报表。

案例3-3

图 3-11 所示的工作表中，C 列的日期是"日 - 月 - 年"的格式，这样的日期格式不正确，应该按照"年 - 月 - 日"的方式排列，例如，"01 11 2011"应该是 2011-11-1，"13 11 2011"应该是 2011-11-13，以此类推。

执行"从表格"命令，建立基本查询，如图 3-12 所示。

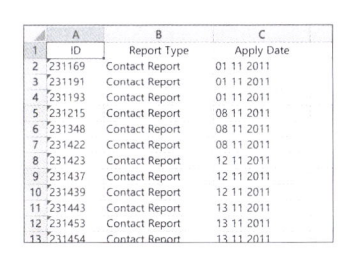

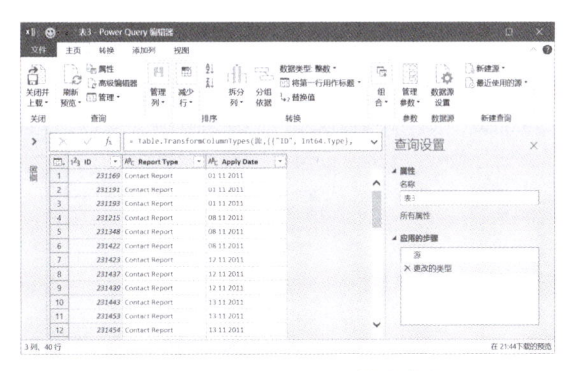

图3-11　C列的日期是"日-月-年"的格式　　　　图3-12　建立基本查询

添加一个自定义列 Date，自定义列公式如下：

```
=Date.FromText(Text.End([ApplyDate],4)
                &Text.Middle([Apply Date],3,2)
                &Text.Start([Apply Date],2))
```

添加自定义列，如图 3-13 所示。

图3-13　自定义列Date

该公式的作用：使用文本函数分别提取出年、月、日三个数字，然后再按照正确的日期顺序组合起来，最后使用 Date.FromText 函数进行转换。

这样得到正确的日期，如图 3-14 所示。

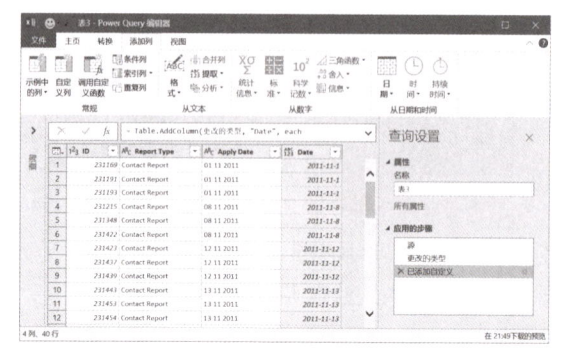

图3-14　得到正确日期

案例3-4

图 3-15 所示是从系统导出的固定资产明细表，购入日期格式为非法格式，01.01 实际上是 2001-1-1，02.05 应该是 2002-5-1，现在需要将该列日期修改为规范格式。

首先建立基本查询，如图 3-16 所示。

图3-15　固定资产明细表含有非法日期

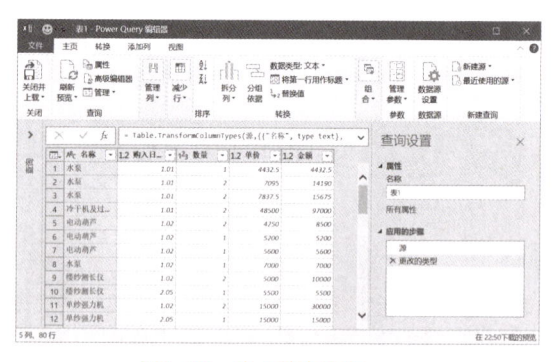

图3-16　建立基本查询

第二列的购入日期本来是文本，现在被改成数字格式，因此需要重新将其数据类型设置为"文本"，如图 3-17 所示。

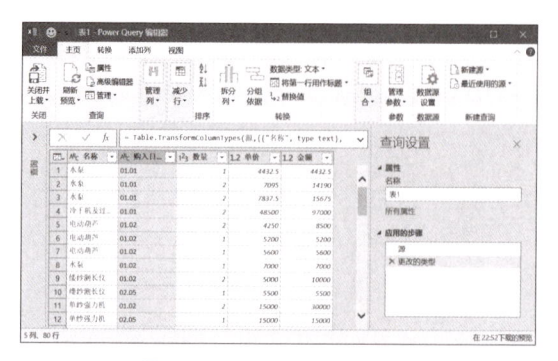

图3-17　重新设置数据类型

添加自定义列"日期",公式如下:

```
= Date.FromText("20" & [购入日期])
```

添加自定义列,如图 3-18 所示。

这样得到真正的日期,如图 3-19 所示。

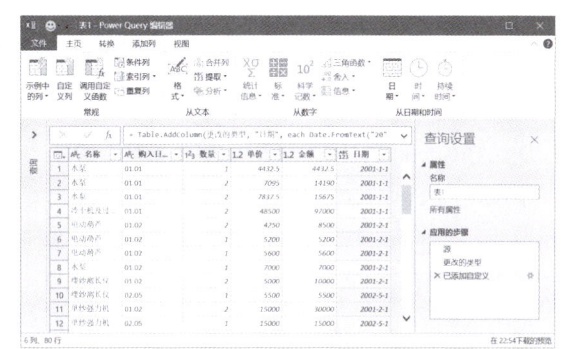

图3-18 自定义列"日期"　　　　图3-19 得到真正日期

将原来的"购入日期"列删除,将新日期列重命名为"购入日期",并将其数据类型设置为"日期",然后将数据导出到工作表,即可得到一个符合标准规范的数据表单,如图 3-20 所示。

图3-20 符合标准规范的数据表单

3.3 从日期中提取年、季度、月、日信息

当需要从日期数据中提取年、季度、月、日数据信息时,可以使用以下函数:

- Date.Year
- Date.QuarterOfYear
- Date.Month
- Date.MonthName
- Date.Day

3.3.1 Date.Year 函数:从日期中提取年份数字及名称

从日期中提取年数字,可以使用 Date.Year 函数。其用法如下:

```
= Date.Year(日期)
```

例如,下面的公式是获取日期 2020-4-8 的年份数字 2020:

```
= Date.Year(#date(2020,4,8))                            // 结果: 2020
```

如果要获取中文年份名称,如"2020年",可以使用连接运算符 &,其公式如下:

```
= Text.From(Date.Year(#date(2020,4,8))) & "年"      // 结果: "2020年"
```

> **注意**
> 这里必须先用 Text.From 函数将数字转换为文本，才能进行字符串连接。

3.3.2　Date.QuarterOfYear 函数：从日期中提取季度数字及名称

从日期中提取季度数字，可以使用 Date.QuarterOfYear 函数。其用法如下：

```
= Date.QuarterOfYear(日期)
```

Date.QuarterOfYear 函数结果是一个季度数字，1 表示 1 季度，2 表示 2 季度，3 表示 3 季度，4 表示 4 季度。

例如，下面的公式是获取日期 2020-4-8 的季度数字 2：

```
= Date.QuarterOfYear(#date(2020,4,8))                              // 结果: 2
```

如果要获取中文季度名称，如"2 季度"，可以使用连接运算符 &。其公式如下：

```
= Text.From(Date.QuarterOfYear(#date(2020,4,8))) & "季度"    // 结果: "2季度"
```

如果要获取诸如 Q1、Q2、Q3 和 Q4 的季度名称，可以使用如下公式：

```
= "Q" & Text.From(Date.QuarterOfYear(#date(2020,4,8)))    // 结果: "Q2"
```

3.3.3　Date.Month 函数：从日期中提取月份数字及名称

从日期中提取月份数字，可以使用 Date.Month 函数。其用法如下：

```
= Date.Month(日期)
```

例如，下面的公式是获取日期 2020-4-8 的月份数字 4：

```
= Date.Month(#date(2020,4,8))                                       // 结果: 4
```

如果要获取常规的月份名称"1月""2月"等。其公式如下：

```
= Text.From(Date.Month(#date(2020,4,8))) & "月"       // 结果: "4月"
```

但是，这种"1月""2月""3月"格式的数据，在排序时非常麻烦，应该将其转换为"01月""02月""03月"格式，此时，可以把上面的公式修改为：

```
= Text.PadStart(Text.From(Date.Month(#date(2020,4,8))) & "月", 3, "0")
```

3.3.4　Date.MonthName 函数：从日期中提取月份名称

从日期中提取月名称，例如 April 或四月等，可以使用 Date.MonthName 函数。其用法如下：

```
= Date.MonthName(日期，区域参数)
```

Date.Month 函数结果是一个月份名称文本。

例如，下面的公式是获取日期 2020-4-8 的月份名称"4月"：

```
= Date.MonthName(#date(2020,4,8))
```

或者：

```
= Date.MonthName(#date(2020,4,8),"zh-cn")
```

下面的公式是获取日期 2020-4-8 的月份名称 April：

```
= Date.MonthName(#date(2020,4,8),"en-us")
```

如果要获取英文月份名称的简称，如 Jan、Apr、Dec 等，可以使用 Text.Start 函数提取出全称的前三个字母即可：

= Text.Start(Date.MonthName(#date(2020,4,8),"en-us"),3)

3.3.5　Date.Day 函数：从日期中提取日数字

从日期中提取日数字，可以使用 Date.Day 函数。其用法如下：

= Date.Day(日期)

例如，下面的公式是获取日期 2020-4-8 的日数字 8：

=Date.Day(#date(2020,4,8))

3.3.6　综合应用案例：制作基于导出数据的月报和季报

案例3-5

图 3-21 所示的是系统导出的各个产品的销售流水数据，现在要制作每个产品每个月的销售统计报表。注意，这里 A 列日期是非法的，01/01/19 代表 2019-1-1，05/01/19 代表 2019-1-5，18/01/19 代表 2019-1-18。

建立基本查询，如图 3-22 所示。

图3-21　销售流水数据　　　　　　图3-22　建立基本查询

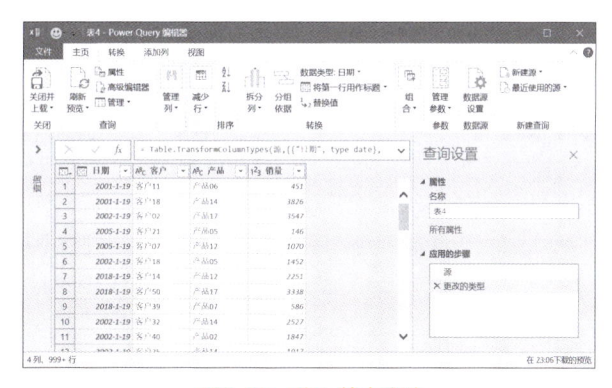

Power Query 将第一列数据自动转换为"日期"类型，但这个转换结果是错误的，因此需要重新将第一列的日期数据类型设置为"文本"，如图 3-23 所示。

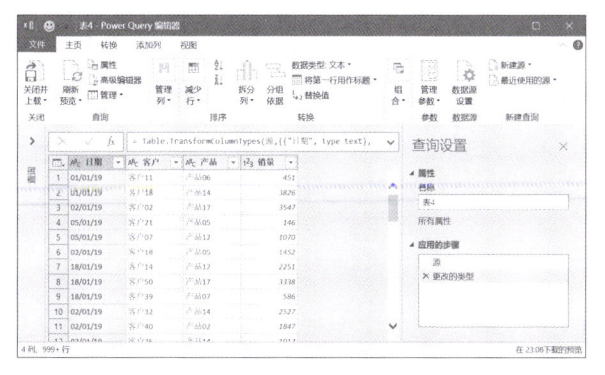

图3-23　设置第一列数据类型为"文本"

如果不修改第一列日期，使用 Text.Middle 函数也可以很方便地提取月份数据。但是如果还要制作季度报告，就需要先将第一列日期转换为规范日期，以方便提取月份和季度信息。

添加一个自定义列"月份"，直接从原始数据中获取月份名称，自定义列公式如下：

```
=Text.From(Date.Month(Date.FromText("20"&Text.End([日期],2)
                         &Text.Middle([日期],3,2)
                         &Text.Start([日期],2))))
& "月"
```

在该公式中，下面的表达式表示将第一列错误日期转换为真正日期，分别取出年、月、日 3 个数，然后再组合成日期。

```
Date.FromText("20"&Text.End([日期],2)&Text.Middle([日期],3,2)&Text.Start([日期],2))
```

添加自定义列，如图 3-24 所示。

这样得到销售月份，如图 3-25 所示。

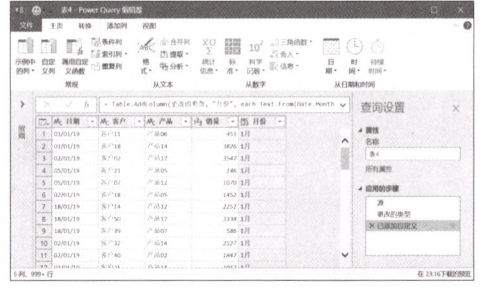

图3-24　自定义列"月份"　　　　　图3-25　得到销售月份

再添加一个自定义列"季度"，直接从原始数据中获取季度名称，公式如下：

```
=Text.From(Date.QuarterOfYear(Date.FromText("20"&Text.End([日期],2)
                         &Text.Middle([日期],3,2)
                         &Text.Start([日期],2))))
& "季度"
```

添加自定义列，如图 3-26 所示。

这样完成从原始数据中提取销售季度，如图 3-27 所示。

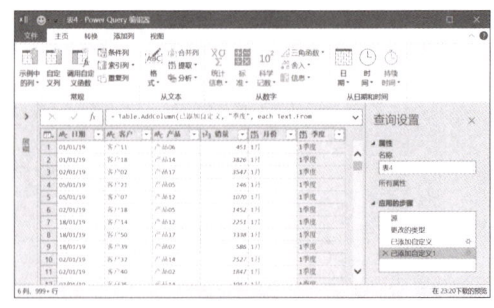

图3-26　自定义列"季度"　　　　　图3-27　从原始数据中提取销售季度

对数据按照季度、月份和产品进行分组，如图 3-28 所示。

即可得到分组处理后的数据，如图 3-29 所示的结果。

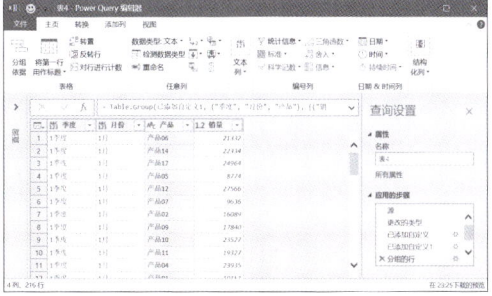

图3-28 "分组依据"对话框　　　　　　　　　图3-29 分组处理后的数据

选择"产品"列，对其进行透视处理，即可得到如图 3-30 所示的报表。

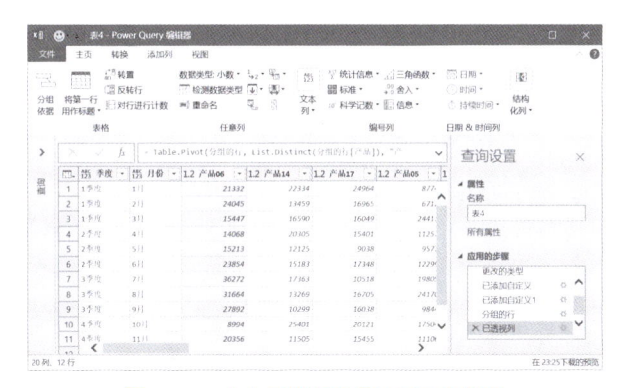

图3-30 对产品进行透视处理后的报表

最后将数据导出 Excel 工作表，得到统计报表如图 3-31 所示。报表的底部已经添加了汇总行。

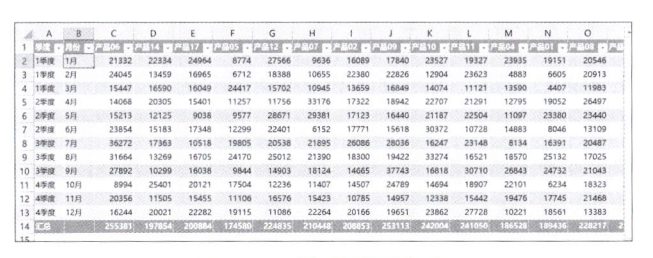

图3-31 得到的统计报表

其实，这里也可以不用组合和透视。当整理出月份名称和季度名称后，直接将其导出为链接和数据模型，再创建 Power Pivot，制作数据透视表。这样分析起来更加方便，如图 3-32 所示。

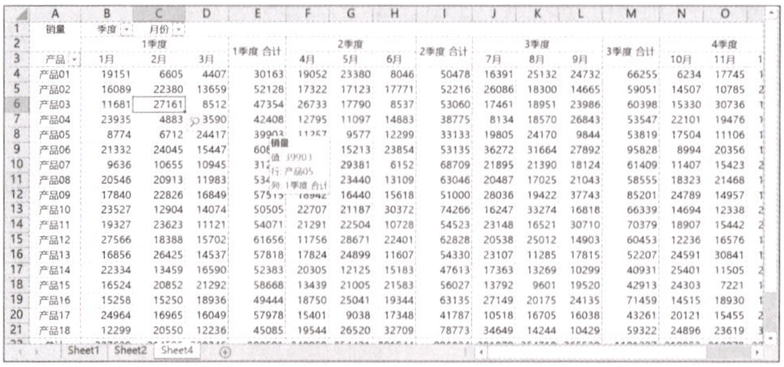

	A	B	C	D	E	F	G	H	I	J	K	L	M	N	O
1	销量	季度	月份												
2		1季度			1季度 合计	2季度			2季度 合计	3季度			3季度 合计	4季度	
3	产品	1月	2月	3月		4月	5月	6月		7月	8月	9月		10月	11月
4	产品01	19151	6605	4407	30163	19052	23380	8046	50478	16391	25132	24732	66255	6234	17745
5	产品02	16089	22380	13659	52128	17322	17123	17771	52216	26086	18300	14665	59051	14507	10785
6	产品03	11681	27161	8512	47354	26733	17790	8537	53060	17461	18951	23986	60398	15330	30736
7	产品04	23935	4883	3590	42408	12795	11097	14883	38775	8134	18570	26843	53547	22101	19476
8	产品05	8774	6712	24417	39903	[illegible]	9577	12299	33133	19805	24170	9844	53819	17504	11106
9	产品06	21332	24045	15447	[illegible]	[illegible]	15213	23854	53135	36272	31664	27892	95828	8994	20356
10	产品07	9636	10655	10945	[illegible]	[illegible]	29381	6152	68709	21895	21390	18124	61409	11407	15423
11	产品08	20546	20913	11983	[illegible]	[illegible]	23440	13109	63046	20487	17025	21043	58555	18323	21468
12	产品09	17840	22826	16849	[illegible]	[illegible]	16440	15618	51000	28036	19422	37743	85201	24789	14957
13	产品10	23527	12904	14074	50505	22707	21187	30372	74266	16247	33274	16818	66339	14694	12338
14	产品11	19327	23623	11121	54071	21291	22504	10728	54523	23148	16521	30710	70379	18907	15442
15	产品12	27566	18388	15702	61656	11756	28671	22401	62828	20538	25012	14903	60453	12236	16576
16	产品13	16856	26425	14537	57818	17824	24899	11607	54330	23107	11285	17815	52207	24591	30841
17	产品14	22334	13459	16590	52383	20305	12125	15183	47613	17363	13269	10299	40931	25401	11505
18	产品15	16524	20852	21292	58668	13439	21005	21583	56027	13792	9601	19520	42913	24303	7221
19	产品16	15258	15250	18936	49444	18750	25041	19344	63135	27149	20175	24135	71459	14515	18930
20	产品17	24964	16965	16049	57978	15401	9038	17348	41787	10518	16705	16038	43261	20121	15455
21	产品18	12299	20550	12236	45085	19544	26520	32709	78773	34649	14244	10429	59322	24896	23619

图3-32　加载数据模型，制作数据透视表

3.4 从日期中提取周和星期

如果要从日期中提取周和星期，例如，日期 2020-4-8 是 2020 年的第 15 周， 4 月的第 2 周，星期三，那么可以使用以下函数进行计算：

- ◎ Date.WeekOfYear
- ◎ Date.WeekOfMonth
- ◎ Date.DayOfWeek
- ◎ Date.DayOfWeekName

3.4.1　Date.WeekOfYear 函数：获取日期是年度的第几周

如果要获取日期是年度的第几周，可以使用 Date.WeekOfYear 函数。其用法如下：

```
= Date.WeekOfYear(日期，指定哪一天被视为新一周的开始)
```

第 2 个参数是可选参数，用于指定哪一天被视为每周的第一天。如果忽略，则使用与区域相关的默认值。

函数的结果是一个代表第几周的 1~54 的数字，1 表示第 1 周，2 表示第 2 周。

例如，下面的公式结果是数字 16，即 2020-4-12 是 2020 年的第 16 周，这里将星期日作为每周的第 1 天：

```
= Date.WeekOfYear(#date(2020,4,12),Day.Sunday)
```

下面的公式结果是数字 15，即 2020-4-12 是 2020 年的第 15 周，这里将星期一作为每周的第 1 天：

```
= Date.WeekOfYear(#date(2020,4,12),Day.Monday)
```

Date.WeekOfYear 函数的第 2 个参数设置为不同值时的计算结果见表 3-2。这里以日期 2020-4-12 举例。

表 3-2　Date.WeekOfYear 函数第 2 个参数取值举例

第 2 个参数值	公　　式	结　　果
Day.Monday	= Date.WeekOfYear(#date(2020,4,12), Day.Monday)	15
Day.Tuesday	= Date.WeekOfYear(#date(2020,4,12), Day.Tuesday)	15
Day.Wednesday	= Date.WeekOfYear(#date(2020,4,12), Day.Wednesday)	15
Day.Thursday	= Date.WeekOfYear(#date(2020,4,12), Day.Thursday)	16
Day.Friday	= Date.WeekOfYear(#date(2020,4,12), Day.Friday)	16
Day.Saturday	= Date.WeekOfYear(#date(2020,4,12), Day.Saturday)	16
Day.Sunday	= Date.WeekOfYear(#date(2020,4,12), Day.Sunday)	16

3.4.2 Date.WeekOfMonth 函数：获取日期是月度的第几周

获取日期是月度的第几周，可以使用 Date.WeekOfMonth 函数。其用法如下：

= Date.WeekOfMonth（日期，指定哪一天被视为新一周的开始）

第 2 个参数是可选参数，用于指定哪一天被视为新一周的开始。如果忽略，则使用与区域相关的默认值。

函数的结果是一个代表某个月第几周的 1~5 的数字，1 表示第 1 周，2 表示第 2 周，以此类推。

例如，下面的公式结果是数字 2，即 2020-4-12 是 2020 年 4 月的第 2 周，这里将星期一作为每周的第 1 天：

= Date.WeekOfMonth(#date(2020,4,12), Day.Monday)

而下面的公式结果是数字 3，即 2020-4-12 是 2020 年 4 月的第 3 周，这里将星期日作为每周的第 1 天：

= Date.WeekOfMonth(#date(2020,4,12), Day.Sunday)

3.4.3 Date.DayOfWeek 函数：获取日期是星期几

判断一个日期是星期几，可以使用 Date.DayOfWeek 函数，其用法为：

= Date.DayOfWeek（日期，指定哪一天被视为新一周的开始）

Date.DayOfWeek 函数返回 0~6 的数字，代表星期几的数字，与第 2 个参数相关。

例如，下面的公式结果是数字 2，即 2020 年 4 月 8 日（星期三），这里将星期一作为每周的第 1 天，也就是说，星期一的数字是 0，那么星期三的数字就是 2：

= Date.DayOfWeek(#date(2020,4,8), Day.Monday)

下面的公式结果是数字 3， 2020 年 4 月 8 日（星期三），这里将星期日作为每周的第 1 天，星期日对应的数字是 0：

= Date.DayOfWeek(#date(2020,4,8),Day.Sunday)

可以看出，将函数的第 2 个参数设置为 Day.Sunday，得到的星期一至星期六的数字正好是 1~6，星期日是数字 0。

3.4.4 Date.DayOfWeekName 函数：获取日期的星期名称

Date.DayOfWeek 函数的结果是数字，看起来很不方便，可以使用 Date.DayOfWeekName 函数获取日期的具体星期名称。其用法如下：

= Date.DayOfWeekName（日期，区域性参数）

例如，下面的公式结果是文字"星期三"，即 2020 年 4 月 8 日对应的中文星期名称：

= Date.DayOfWeekName(#date(2020,4,8))

或者：

= Date.DayOfWeekName(#date(2020,4,8),"zh-cn")

下面的公式结果是文字 Wednesday，即 2020 年 4 月 8 日对应的英文星期名称：

= Date.DayOfWeekName(#date(2020,4,8),"en-us")

3.4.5 星期常量

当需要判断某个日期是星期几时，需要使用日期常量进行比较，这些日期常量见表3-3。

表3-3 日期常量

日期常量	星期名称
Day.Monday	星期一
Day.Tuesday	星期二
Day.Wednesday	星期三
Day.Thursday	星期四
Day.Friday	星期五
Day.Saturday	星期六
Day.Sunday	星期日

3.4.6 综合应用案例：制作周报

案例3-6

图3-33所示是一组销售流水数据，现在要求制作每种产品在每周的销售报表。建立基本查询，如图3-34所示。注意将第一列的数据类型重新设置为"日期"。

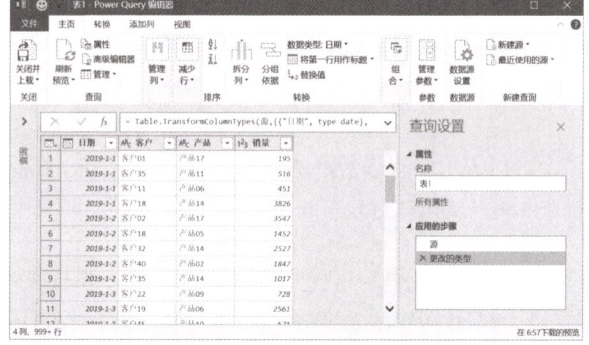

图3-33 销售流水数据　　图3-34 建立基本查询

添加自定义列"周次"，计算公式如下：

```
= "第" & Text.PadStart(Text.From(Date.WeekOfYear([日期],Day.Monday)),2,"0") & "周"
```

添加自定义列，如图3-35所示。

得到的"周次"列数据如图3-36所示。

图3-35 自定义列"周次"　　　　　　图3-36 "周次"列数据

删除其他列，保留"产品""周次"和"销量"列，对产品做透视处理，得到如图3-37所示的各种产品的周汇总结果。

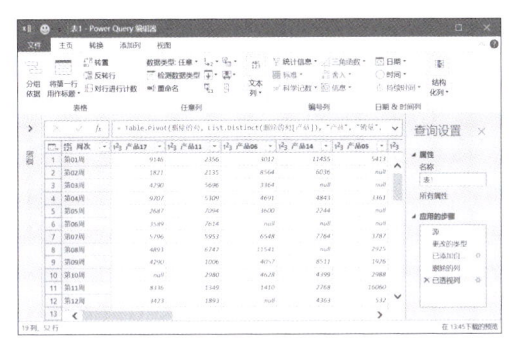

图3-37 各种产品的周汇总结果

关闭查询，导出数据，即可得到每种产品周销售统计表，如图3-38所示。

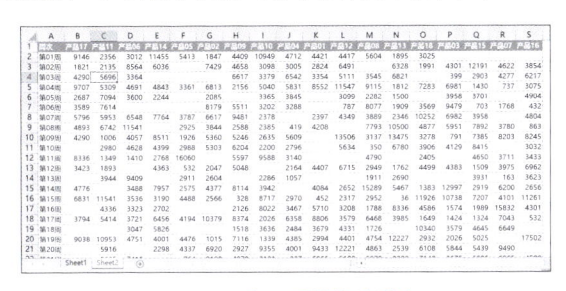

图3-38 产品周销售统计表

如果为该表再添加一个"星期"列，就可以分析每周、每星期的销售报表，这在商场门店销售分析中是很有用的。

下面是添加了自定义列"星期"的表，自定义列公式如下：

= Date.DayOfWeekName([日期],"zh-cn")

添加自定义列，如图3-39所示。

即可得到每个日期对应的星期数据，如图3-40所示。

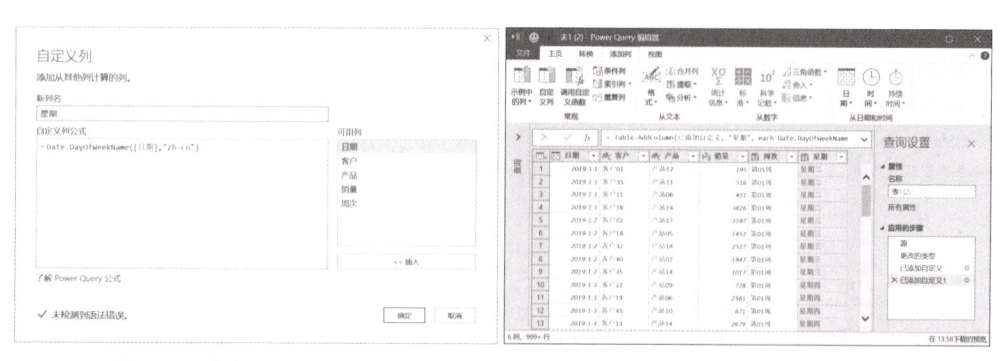

图3-39 自定义列"星期"　　　图3-40 每个日期对应的星期数据

将查询上载为链接和数据模型，然后制作 Power Pivot，就可以得到指定产品、指定周次内每天的销售统计报表，如图 3-41 所示。

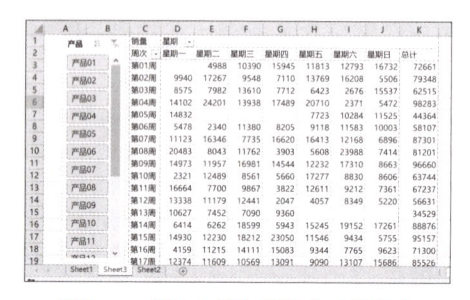

图3-41 指定产品每周销售统计报表

3.4.7 综合应用案例：制作工作日和周末加班时间统计表

案例3-7

图 3-42 所示是员工加班记录表，现在要求计算每个人的工作日加班时间、周末加班时间以及总加班时间。这里不考虑调休节假日，仅仅是一个练习 M 函数的例子。

建立基本查询，如图 3-43 所示。

图3-42 员工加班记录表　　　图3-43 建立基本查询

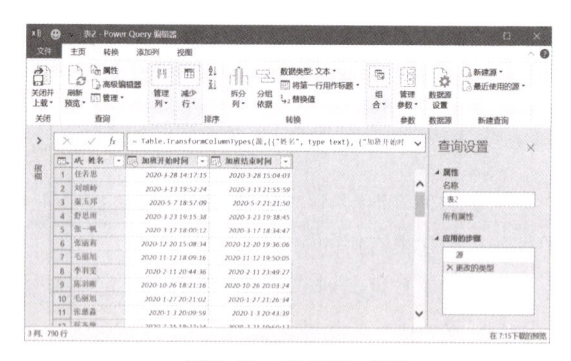

添加一个自定义列"加班时间"，计算加班时间，公式如下：

= Duration.TotalHours([加班结束时间]-[加班开始时间])

这里使用了 Duration.TotalHours 函数计算持续时间的总小时数，该函数的使用方法将

74

在 6.4.2 小节进行介绍。

添加自定义列，如图 3-44 所示。

这样得到如图 3-45 所示的加班时间数据。"加班时间"列的数据类型已设置为"小数"。

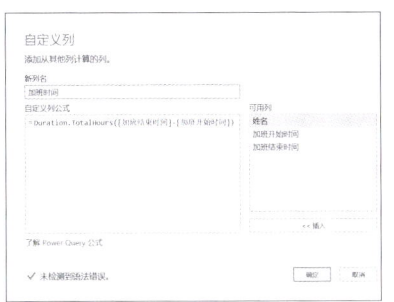

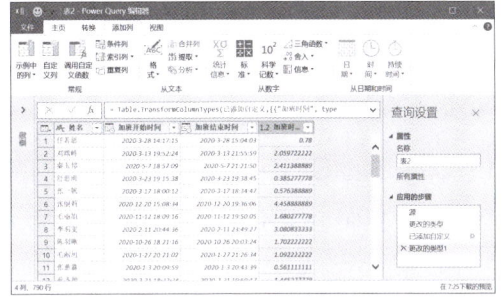

图3-44　自定义列"加班时间"　　　　图3-45　计算出加班时间

再添加一个自定义列"类型"，判断加班时间是属于工作日还是双休日，计算公式如下：

```
if Date.DayOfWeek([加班开始时间],Day.Monday)=5
or Date.DayOfWeek([加班开始时间],Day.Monday)=6
then "双休日" else "工作日"
```

这里以开始加班日期作为计算星期几的标准。

添加自定义列，如图 3-46 所示。

这样得到如图 3-47 所示的"类型"列。

图3-46　自定义列"类型"　　　　图3-47　"类型"列

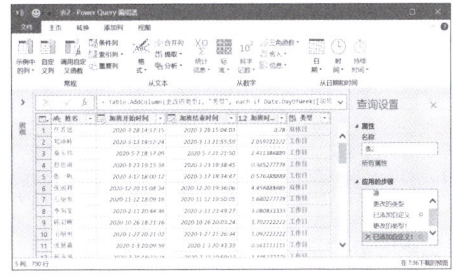

关闭查询，上载为链接和数据模型，然后利用 Power Pivot 创建数据透视表，就得到如图 3-48 所示的员工加班统计表。

图3-48　员工加班统计表

3.5 计算期初日期

如果要计算某个日期所在的周初日期、月初日期、季度初日期、年初日期等，可以使用以下函数：

- Date.StartOfDay
- Date.StartOfWeek
- Date.StartOfMonth
- Date.StartOfQuarter
- Date.StartOfYear

3.5.1 Date.StartOfDay 函数：获取一天的开始值

Date.StartOfDay 函数用于获取一天的开始值，其用法为：

```
= Date.StartOfDay(日期时间)
```

例如，下面的公式结果是：2020-4-8 0:00:00。

```
= Date.StartOfDay(#datetime(2020,4,8,14,20,45))
```

3.5.2 Date.StartOfWeek 函数：获取一周的第一天

Date.StartOfWeek 函数用于获取一周的第一天，Date.StartOfWeek 函数的用法如下：

```
=Date.StartOfWeek(日期,指定哪一天被视为新一周的开始)
```

例如，下面的公式结果是 2020-4-6（星期一），即 2020-4-8 所在这周的第一天是 2020-4-6，该公式以星期一作为每周的第一天计算：

```
= Date.StartOfWeek(#date(2020,4,8))
```

或：

```
= Date.StartOfWeek(#date(2020,4,8),Day.Monday)
```

下面的公式结果是 2020-4-5（星期日），即 2020-4-8 所在这周的第一天是 2020-4-5，该公式以星期日作为每周的第一天计算：

```
= Date.StartOfWeek(#date(2020,4,8),Day.Sunday)
```

3.5.3 Date.StartOfMonth 函数：获取月初日期

如果要获取某个日期所在月份的第一天日期，可以使用 Date.StartOfMonth 函数。其用法如下：

```
= Date.StartOfMonth(日期)
```

例如，下面的公式结果是 2020-4-1，即 2020-4-8 所在的 4 月的第一天是 2020-4-1：

```
= Date.StartOfMonth(#date(2020,4,8))
```

3.5.4 Date.StartOfQuarter 函数：获取季度的第一天

如果要获取某个日期所在季度的第一天日期，可以使用 Date.StartOfQuarter 函数。其用法如下：

```
= Date.StartOfQuarter(日期)
```

例如，下面的公式结果是 2020-4-1，即 2020-5-18 所在的二季度的第一天是 2020-4-1：

```
= Date.StartOfQuarter(#date(2020,5,18))
```

3.5.5 Date.StartOfYear 函数：获取年度的第一天

如果要获取某个日期所在年份的第一天日期，可以使用 Date.StartOfYear 函数。其用法如下：

= Date.StartOfYear(日期)

例如，下面的公式结果是 2020-1-1，即 2020-4-8 所在的 2020 年的第一天是 2020-1-1：

= Date.StartOfYear(#date(2020,4,8))

3.5.6 简单练习：本年、本季度、本月、本周已经过去了多少天

计算截至今天，本季度已经过去了多少天的公式如下：

= Duration.Days(DateTimeZone.FixedLocalNow()
- Date.StartOfQuarter(DateTimeZone.FixedLocalNow()))

计算截至今天，本月已经过去了多少天的公式如下：

= Duration.Days(DateTimeZone.FixedLocalNow()
- Date.StartOfMonth(DateTimeZone.FixedLocalNow()))

计算截至今天，本周已经过去了多少天的公式如下：

= Duration.Days(DateTimeZone.FixedLocalNow()
- Date.StartOfWeek(DateTimeZone.FixedLocalNow(),Day.Sunday))

计算截至今天，本年已经过去了多少天可以使用 3.8.2 小节介绍的 Date.DayOfYear 函数，公式如下：

= Date.DayOfYear(DateTimeZone.FixedLocalNow())

3.6 计算期末日期

如果要计算某个日期所在的周末日期、月底日期、季度末日期、年底日期等，可以使用以下函数：

- Date.EndOfDay
- Date.EndOfWeek
- Date.EndOfMonth
- Date.EndOfQuarter
- Date.EndOfYear

3.6.1 Date.EndOfDay 函数：获取一天的结束值

Date.EndOfDay 函数用于获取一天的结束值。其用法如下：

= Date.EndOfDay(日期时间)

例如，下面的公式结果是：2020-04-08T23:59:59.9999999（这里的字母 T 表示时间）。

= Date.EndOfDay(#datetime(2020,4,8,14,20,45))

3.6.2 Date.EndOfWeek 函数：获取一周的最后一天

针对诸如 2020 年 4 月 8 日所在这周的最后一天是哪年哪月哪日这样的问题，可以使用 Date.EndOfWeek 函数解决。其用法如下：

=Date.EndOfWeek(日期,指定哪一天被视为新周的开始)

例如，下面的公式是计算 2020-4-12 所在这一周的周末日期：

```
= Date.EndOfWeek(#date(2020,4,8))                    // 结果：2020-4-12
= Date.EndOfWeek(#date(2020,4,8),Day.Monday)         // 结果：2020-4-12
= Date.EndOfWeek(#date(2020,4,8),Day.Sunday)         // 结果：2020-4-11
```

3.6.3 Date.EndOfMonth 函数：获取月底日期

如果要获取某个日期所在月份的最后一天日期，可以使用 Date.EndOfMonth 函数。其用法如下：

```
=Date.EndOfMonth(日期)
```

例如，下面的公式结果是 2020-4-30，即 2020-4-8 所在的 4 月的最后一天是 2020-4-30：

```
= Date.EndOfMonth(#date(2020,4,8))
```

该函数相当于 Excel 的 EOMONTH 函数。

3.6.4 Date.EndOfQuarter 函数：获取季度的最后一天

如果要获取某个日期所在季度的最后一天日期，可以使用 Date.EndOfQuarter 函数。其用法如下：

```
=Date.EndOfQuarter(日期)
```

例如，下面的公式结果是 2020-6-30，即 2020-4-8 所在的二季度的最后一天是 2020-6-30：

```
= Date.EndOfQuarter(#date(2020,4,8))
```

3.6.5 Date.EndOfYear 函数：获取年度的最后一天

如果要获取某个日期所在年份的最后一天日期，可以使用 Date.EndOfYear 函数。其用法如下：

```
=Date.EndOfYear(日期)
```

例如，下面的公式结果是 2020-12-31，即 2020-4-8 所在的 2020 年的最后一天是 2020-12-31：

```
= Date.EndOfYear(#date(2020,4,8))
```

3.6.6 简单练习：本年、本季度、本月、本周还剩多少天

计算截至今天本年度还剩多少天的公式如下：

```
= Duration.Days(Date.EndOfYear(DateTimeZone.FixedLocalNow())
- (DateTimeZone.FixedLocalNow()))
```

计算截至今天本季度还剩多少天的公式如下：

```
= Duration.Days(Date.EndOfQuarter(DateTimeZone.FixedLocalNow())
- (DateTimeZone.FixedLocalNow()))
```

计算截至今天本月还剩多少天的公式如下：

```
= Duration.Days(Date.EndOfMonth(DateTimeZone.FixedLocalNow())
- (DateTimeZone.FixedLocalNow()))
```

计算截至今天本周还剩多少天的公式如下：

```
= Duration.Days(Date.EndOfWeek(DateTimeZone.FixedLocalNow())
- (DateTimeZone.FixedLocalNow()))
```

3.7 计算一段时间后或前的日期

今天再过 3 个月是哪天？今天再过 5 年是哪天？今天再过 2 个季度是哪天？今天再过 3 周是哪天？5 周以前的日期是哪天？诸如此类的问题，就是计算一段时间后或前的日期的问题，可以使用以下函数：

- Date.AddDays
- Date.AddWeeks
- Date.AddMonths
- Date.AddQuarters
- Date.AddYears

3.7.1 Date.AddDays 函数：计算几天后或几天前的日期

Date.AddDays 函数用于计算几天后或几天前的日期，实际上就是在一个日期上加几天或者减几天。其用法如下：

```
= Date.AddDays(日期,天数)
```

例如，指定日期是 2020 年 4 月 8 日，那么 45 天后的日期是 2020-5-23，公式如下：

```
= Date.AddDays(#date(2020,4,8), 45)
```

又如，指定日期是 2020 年 4 月 8 日，那么 45 天前的日期是 2020-2-23，公式如下：

```
= Date.AddDays(#date(2020,4,8), -45)
```

案例3-8

图 3-49 所示是一张客户合同数据表，要自动计算付款截止日，这个付款截止日是签订日起指定天数后的日期。

图3-49 客户合同数据表

建立查询，添加自定义列"付款截止日"，计算公式如下：

```
= Date.AddDays([签订日期],[期限天])
```

添加自定义列，如图 3-50 所示。

得到如图 3-51 所示的付款截止日结果。

图3-50 自定义列"付款截止日"　　图3-51 计算出付款截止日

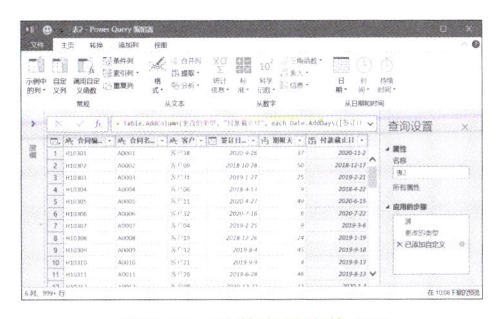

3.7.2 Date.AddWeeks 函数：计算几周后或几周前的日期

Date.AddWeeks 函数用于计算几周后或几周前的日期，实际上就是加上或者减去几个 7 天。其用法如下：

= Date.AddDays(日期,周数)

例如，指定日期是 2020 年 4 月 8 日，那么 3 周后的日期是 2020-4-29，公式如下：

= Date.AddWeeks(#date(2020,4,8), 3)

又如，指定日期是 2020 年 4 月 8 日，那么 3 周前的日期是 2020-3-18，公式如下：

= Date.AddWeeks(#date(2020,4,8), -3)

3.7.3 Date.AddMonths 函数：计算几个月后或几个月前的日期

Date.AddMonths 函数用于计算几个月后或几个月前的日期，相当于 Excel 的 EDATE 函数。其用法如下：

= Date.AddMonths(日期,月数)

例如，指定日期是 2020 年 4 月 8 日，那么 3 个月后的日期是 2020-7-8，公式如下：

= Date.AddMonths(#date(2020,4,8), 3)

又如，指定日期是 2020 年 4 月 8 日，那么 3 个月前的日期是 2020-1-8，公式如下：

= Date.AddMonths(#date(2020,4,8), -3)

案例3-9

图 3-52 所示是一个合同数据表，要自动计算合同到期日。

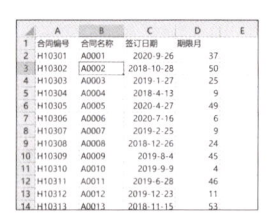

图3-52 合同数据表

建立查询，添加自定义列"合同到期日"，计算公式如下：

=Date.AddMonths([签订日期],[期限月])

添加自定义列，如图 3-53 所示。

得到每份合同的到期日，如图 3-54 所示。

图3-53 自定义列"合同到期日" 　　图3-54 得到合同到期日

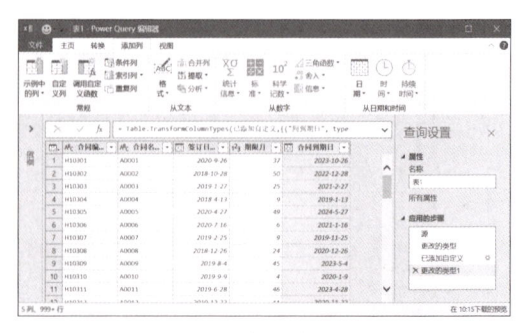

一般来说，合同到期日应该是计算出日期的前一天，因此公式可以修改为：
= Date.AddDays(Date.AddMonths([签订日期],[期限月]),-1)
此时合同到期日如图 3-55 所示。

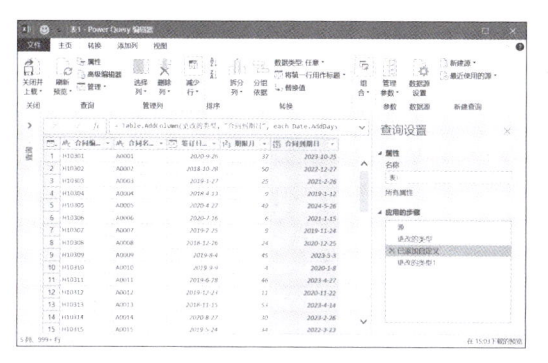

图3-55　合同到期日

案例3-10

图 3-56 所示是一张客户应付数据表，付款截止日是自合同签订日期起，3 个月以后的下个月 10 日。

图3-56　客户应付数据表

建立查询，添加自定义列"付款截止日"，计算公式如下：
= Date.AddDays(Date.EndOfMonth(Date.AddMonths([签订日期],3)),10)

这个公式的原理是：先使用 Date.AddMonths 函数计算 3 个月后的日期，再使用 Date.EndOfMonth 函数计算该月的月底日期，最后用 Date.AddDays 函数计算下个月 10 日的日期。

添加自定义列，如图 3-57 所示。
得到付款截止日，如图 3-58 所示。

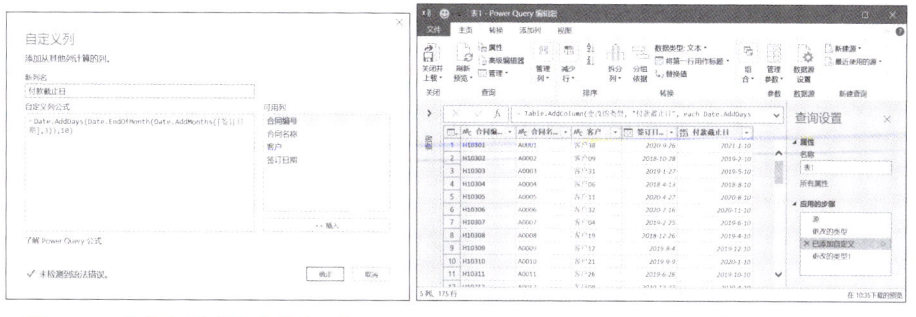

图3-57　自定义列"付款截止日"　　　　图3-58　得到付款截止日

3.7.4　Date.AddQuarters 函数：计算几个季度后或几个季度前的日期

Date.AddQuarters 函数用于计算几个季度后或几个季度前的日期。其用法如下：

= Date.AddQuarters(日期，季度数)

例如，签订日期是 2020 年 4 月 8 日，那么 3 个季度后的日期是 2021-1-8，公式如下：

= Date.AddQuarters(#date(2020,4,8), 3)

又如，指定日期是 2020 年 4 月 8 日，那么 3 个季度前的日期是 2019-7-8，公式如下：

= Date.AddQuarters(#date(2020,4,8), -3)

3.7.5　Date.AddYears 函数：计算几年后或几年前的日期

Date.AddYears 函数用于计算几年后或几年前的日期。其用法如下：

= Date.AddYears(日期，年数)

例如，指定日期是 2020 年 4 月 8 日，那么 3 年后的日期是 2023-4-8，公式如下：

= Date.AddYears(#date(2020,4,8), 3)

又如，指定日期是 2020 年 4 月 8 日，那么 3 年前的日期是 2017-4-8，公式如下：

= Date.AddYears(#date(2020,4,8), -3)

3.7.6　综合应用案例：计算劳动合同到期日

案例3-11

图 3-59 所示是一张员工合同信息表，要求计算劳动合同到期日。劳动合同到期日是自合同签订日期起，2 年后的下一个季度末。

例如，2019 年 6 月 26 日签订合同，2 年后的日期是 2021 年 6 月 26 日，那么合同到期日是 2021 年 9 月 30 日。

建立查询，添加自定义列"合同到期日"，计算公式如下：

=Date.EndOfQuarter(Date.AddQuarters(Date.AddYears([签订日期],[期限年]),1))

添加自定义列，如图 3-60 所示。

得到付款截止日，如图 3-61 所示。

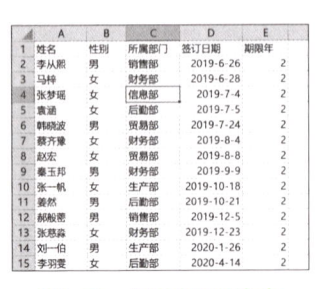

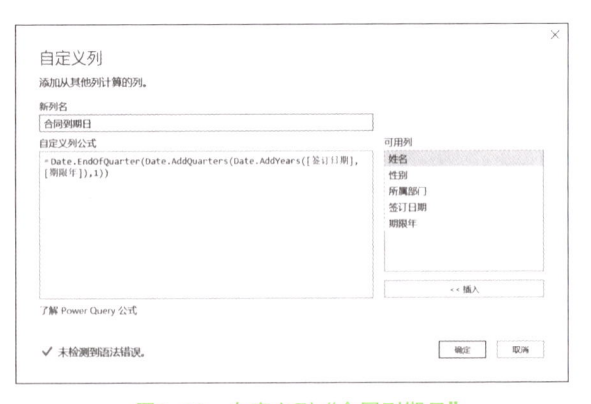

图3-59　员工合同信息表　　　　图3-60　自定义列"合同到期日"

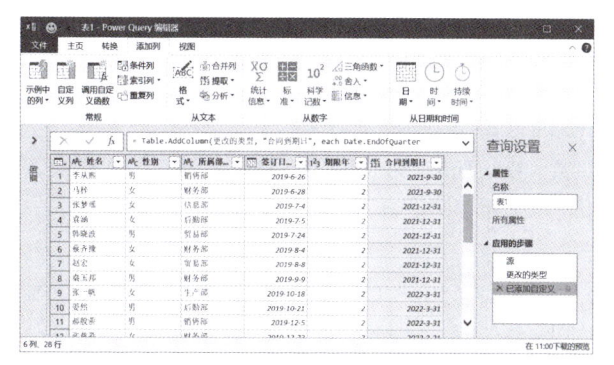

图3-61 得到合同到期日

3.8 计算天数

今天是 2020 年 4 月 8 日，那么，从今年 1 月 1 日开始，已经过去了多少天？今年 4 月份有多少天？这个季度有多少天？这些问题可以使用以下函数进行计算：

◎ Date.DaysInMonth   ◎ Date.DayOfYear

3.8.1 Date.DaysInMonth 函数：计算某个月有多少天

如果要计算某个月有多少天，可以使用 Date.DaysInMonth 函数。其用法如下：

= Date.DaysInMonth(日期)

例如，下面的公式就是计算 2020 年 4 月 8 日所在月份的天数，结果为 30：

= Date.DaysInMonth(#date(2020,4,8))

下面公式的结果是计算 2020 年 2 月 5 日所在月份的天数，结果为 29：

= Date.DaysInMonth(#date(2020,2,5))

3.8.2 Date.DayOfYear 函数：计算截至某日，该年已经过去了多少天

如果要计算截至某日，该年已经过去了多少天，可以使用 Date.DayOfYear 函数，其用法如下：

=Date.DayOfYear(日期)

下面的公式就是计算截至 2020 年 4 月 8 日，2020 年已经过去的天数，结果是 99 天：

= Date.DayOfYear(#date(2020,4,8))

下面的公式就是计算 2020 年总共有多少天，结果是 366 天：

= Date.DayOfYear(#date(2020,12,31))

下面的公式就是计算 2020 年 1 季度总共有多少天，结果是 91 天：

= Date.DayOfYear(#date(2020,3,31))

下面的公式就是计算 2020 年 2 季度总共有多少天，结果是 91 天：

= Date.DayOfYear(#date(2020,6,30))- Date.DayOfYear(#date(2020,3,31))

其实，上面的公式太复杂，两个日期直接相减即可得出 2020 年 2 季度的总天数：

= #date(2020,6,30)- #date(2020,3,31)

下面的公式就是计算 2020 年上半年总共有多少天，结果是 182 天：

= Date.DayOfYear(#date(2020,6,30))

3.8.3　综合应用案例：应收账款统计表

Duration.Days 函数、DateTimeZone.FixedLocalNow 函数等也可以用来计算天数，并制作要求的统计分析报告。下面举例说明。

案例3-12

图 3-62 所示是一张应收账款明细表，现在要制作两张报表：①已经过期的合同报表；② 7 天内要到期的合同报表。

首先建立基本查询，将这个查询名称重命名为"过期合同"，如图 3-63 所示。

图3-62　应收账款明细表　　　　　图3-63　修改查询名称

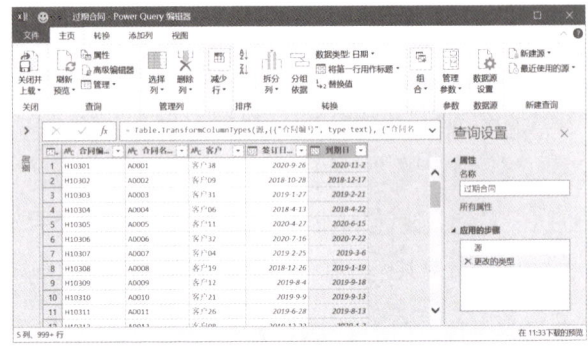

添加一个自定义列"逾期天数"，计算公式如下：

=Duration.Days([到期日]-Date.From(DateTimeZone.FixedLocalNow()))

添加自定义列，如图 3-64 所示。

这样得到如图 3-65 所示的逾期天数结果。

图3-64　自定义列"逾期天数"　　　　图3-65　逾期天数结果

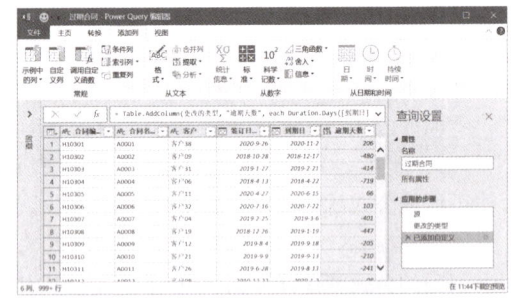

将这个查询复制一份，重命名为"7 天内到期"。

然后分别在两个表格中对"逾期天数"列筛选小于 0 和介于 0~7 的数据，即可分别得到要求的两张查询表，逾期合同报表如图 3-66 所示，7 天内到期的合同报表如图 3-67 所示。

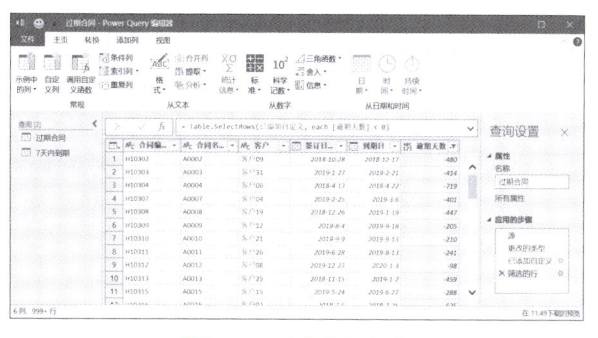

图3-66　逾期合同报表

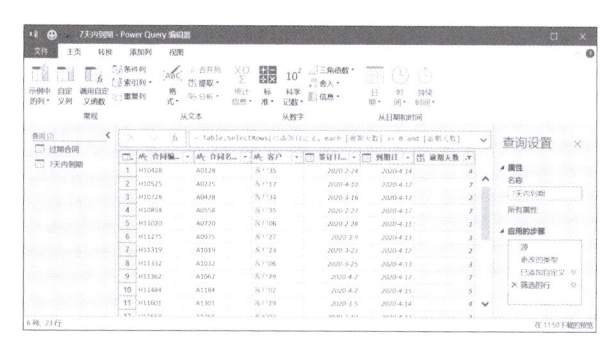

图3-67　7天内到期的合同报表

最后将两个查询表分别导出 Excel 工作表，即可得到需要的两个报表，分别如图 3-68 和图 3-69 所示。这里，已经把 7 天内到期的"逾期天数"列标题修改为了"还剩天数"。

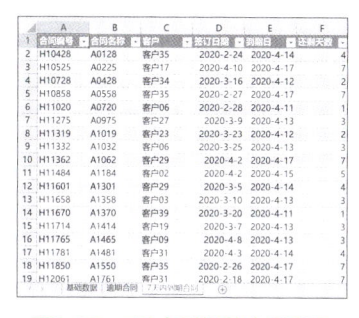

图3-68　逾期合同明细　　　　　　　　图3-69　7天内到期的合同明细

如果使用 Table.SelectRows 函数，还可以一键完成对过期合同的提取，M 公式代码如下：

```
let
    源 = Excel.CurrentWorkbook(){[Name="表1"]}[Content],
    更改的类型 = Table.TransformColumnTypes(源,{{"合同编号", type text},{"合同名称", type text}, {"客户", type text}, {"签订日期", type date}, {"到期日", type date}}),
    过期合同 = Table.SelectRows(更改的类型, each Duration.Days([到期日]-Date.From(DateTimeZone.FixedLocalNow())) < 0)
in
    过期合同
```

3.9 判断指定日期是否在以前的日期范围内

在进行数据统计分析中，可能要制作昨天、上周、上个月、上季度、上一年的统计报表，此时可以使用以下相关函数进行计算：

- Date.IsInPreviousDay
- Date.IsInPreviousWeek
- Date.IsInPreviousMonth
- Date.IsInPreviousQuarter
- Date.IsInPreviousYear
- Date.IsInPreviousNDays
- Date.IsInPreviousNWeeks
- Date.IsInPreviousNMonths
- Date.IsInPreviousNQuarters
- Date.IsInPreviousNYears

3.9.1 Date.IsInPreviousDay 函数：确定是否为前一天

Date.IsInPreviousDay 函数用于判断指定日期是否为前一天（即昨天），如果是，结果是 true；否则，结果是 false。其用法如下：

```
=Date.IsInPreviousDay(日期)
```

例如，假设今天是 2020-4-8，那么下面的公式结果是 true：

```
= Date.IsInPreviousDay(#date(2020,4,7))
```

3.9.2 Date.IsInPreviousNDays 函数：确定是否在前几天内

Date.IsInPreviousNDays 函数用于判断指定日期是否在前几天内，如果是，结果是 true；否则，结果是 false。其用法如下：

```
= Date.IsInPreviousNDays(日期, 天数)
```

假设今天是 2020-4-8，那么下面的公式结果是 true，因为 2020-4-3 在前 5 天之内：

```
= Date.IsInPreviousNDays(#date(2020,4,3),5)
```

3.9.3 Date.IsInPreviousWeek 函数：确定是否在前一周内

Date.IsInPreviousWeek 函数用于判断指定日期是否在前一周内，如果是，结果是 true；否则，结果是 false。其用法如下：

```
= Date.IsInPreviousWeek(日期)
```

例如，假设今天是 2020-4-8，那么下面的公式结果是 true：

```
= Date.IsInPreviousWeek(#date(2020,4,1))
```

而下面公式的结果是 false：

```
= Date.IsInPreviousWeek(#date(2020,3,22))
```

3.9.4 Date.IsInPreviousNWeeks 函数：确定是否在前几周内

Date.IsInPreviousNWeeks 函数用于判断指定日期是否在前几周内，如果是，结果是 true；否则，结果是 false。其用法如下：

```
= Date.IsInPreviousNWeeks(日期, 周数)
```

例如，假设今天是 2020-4-8，那么下面的公式结果是 true：

```
= Date.IsInPreviousNWeeks(#date(2020,4,5),2)
```

而下面的两个公式的结果都是 false：

```
= Date.IsInPreviousNWeeks(#date(2020,3,22),2)
```

= Date.IsInPreviousNWeeks(#date(2020,4,6),2)

3.9.5　Date.IsInPreviousMonth 函数：确定是否在前一个月内

Date.IsInPreviousMonth 函数用于判断指定日期是否在前一个月内。如果是，结果是 true；否则，结果是 false。其用法如下：

= Date.IsInPreviousMonth(日期)

例如，假设今天是 2020-4-8，那么下面的公式结果是 true：

= Date.IsInPreviousMonth(#date(2020,3,29))

而下面公式的结果是 false：

= Date.IsInPreviousMonth(#date(2020,4,3))

= Date.IsInPreviousMonth(#date(2020,2,3))

3.9.6　Date.IsInPreviousNMonths 函数：确定是否在前几个月内

Date.IsInPreviousNMonths 函数用于判断指定日期是否在前几个月内，如果是，结果是 true；否则，结果是 false。其用法如下：

= Date.IsInPreviousNMonths(日期, 月数)

例如，假设今天是 2020-4-8，那么下面的两个公式结果都是 true：

= Date.IsInPreviousNMonths(#date(2020,3,29), 1)

= Date.IsInPreviousNMonths(#date(2020,2,15), 2)

3.9.7　Date.IsInPreviousQuarter 函数：确定是否在前一个季度内

Date.IsInPreviousQuarter 函数用于判断指定日期是否在前一个季度内，如果是，结果是 true；否则，结果是 false。其用法如下：

= Date.IsInPreviousQuarter(日期)

例如，假设今天是 2020-4-8，那么下面的两个公式结果都是 true：

= Date.IsInPreviousQuarter(#date(2020,3,29))

= Date.IsInPreviousQuarter(#date(2020,2,3))

3.9.8　Date.IsInPreviousNQuarters 函数：确定是否在前几个季度内

Date.IsInPreviousNQuarters 函数用于判断指定日期是否在前几个季度内，如果是，结果是 true；否则，结果是 false。其用法如下：

= Date.IsInPreviousNQuarters(日期, 季度数)

例如，假设今天是 2020-4-8，那么下面的两个公式结果都是 true：

= Date.IsInPreviousNQuarters(#date(2020,3,29),1)

= Date.IsInPreviousNQuarters(#date(2020,2,3),2)

3.9.9　Date.IsInPreviousYear 函数：确定是否在前一年内

Date.IsInPreviousYear 函数用于判断指定日期是否在前一年内，如果是，结果是 true；否则，结果是 false。其用法如下：

= Date.IsInPreviousYear(日期)

例如，假设今天是 2020-4-8，那么下面的两个公式结果都是 true：

= Date.IsInPreviousYear(#date(2019,12,29))

= Date.IsInPreviousYear(#date(2019,2,3))

3.9.10　Date.IsInPreviousNYears 函数：确定是否在前几年内

Date.IsInPreviousNYears 函数用于判断指定日期是否在前几年内，如果是，结果是 true；否则，结果是 false。其用法如下：

= Date.IsInPreviousNYears（日期，年数）

例如，假设今天是 2020-4-8，那么下面的两个公式结果都是 true：

= Date.IsInPreviousNYears(#date(2019,12,29),1)

= Date.IsInPreviousNYears(#date(2018,2,3),2)

3.9.11　综合应用案例：建立一键刷新的上周生产工时统计报表

案例3-13

图 3-70 所示是从系统导出的生产工时记录表，现在要求构建一张一键刷新的上周生产工时统计报表，以便计算上周的工时。

建立查询，如图 3-71 所示。

图3-70　生产工时记录表

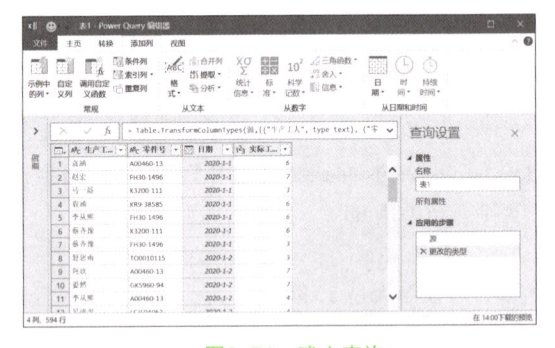

图3-71　建立查询

添加自定义列"是否为上周"，公式如下：

= Date.IsInPreviousWeek([日期])

添加自定义列，如图 3-72 所示。

这样得到一个新列"是否为上周"，判断结果是 TRUE 或 FALSE，如图 3-73 所示。

图3-72　自定义列"是否为上周"

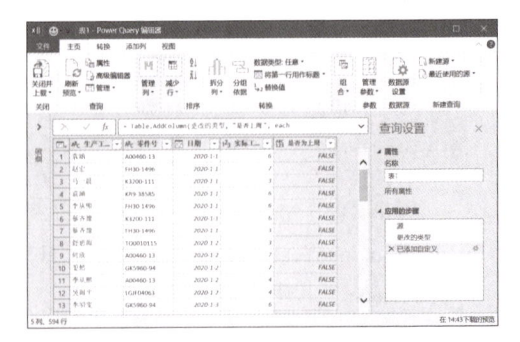

图3-73　新列"是否为上周"

从自定义列"是否为上周"中筛选出 TRUE，就是上周的数据，如图 3-74 所示。

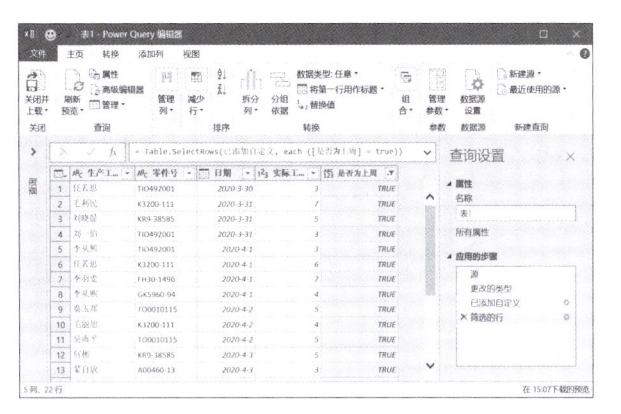

图3-74　筛选出上周的数据

对生产工人进行分组，汇总每个工人的上周总工时，如图 3-75 所示。

图3-75　分组计算每个工人的上周总工时

这样得到每个工人的上周总工时，如图 3-76 所示。

将数据导出 Excel 工作表，即可得到如图 3-77 所示的工人上周总工时报表。

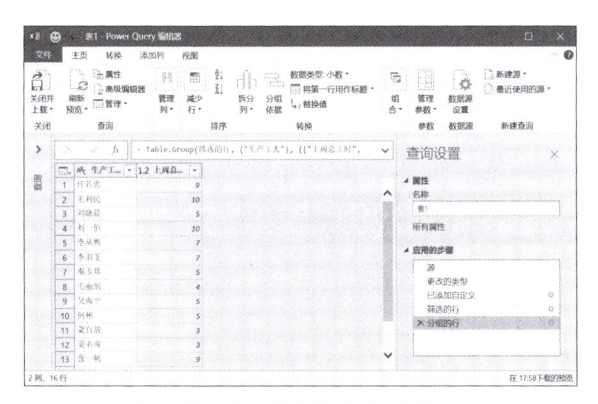

图3-76　每个工人的上周总工时　　　图3-77　工人上周总工时报表

如果还想了解每个工人在上周每天的工时情况，可以查看工人在哪天上班，此时可以再添加一个"星期"列，自定义列公式如下：

=Date.DayOfWeekName([日期], "zh-cn")

添加自定义列，如图 3-78 所示。

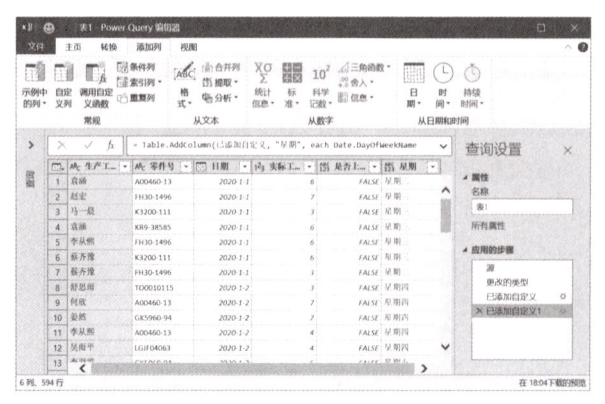

图3-78 再添加自定义列"星期"

然后筛选上周的数据，保留"生产工人""实际工时"和"星期"这三列，删除其他不必要的列，并再对"星期"列进行透视操作，就得到如图3-79所示的上周每个工人每天的工时报表。

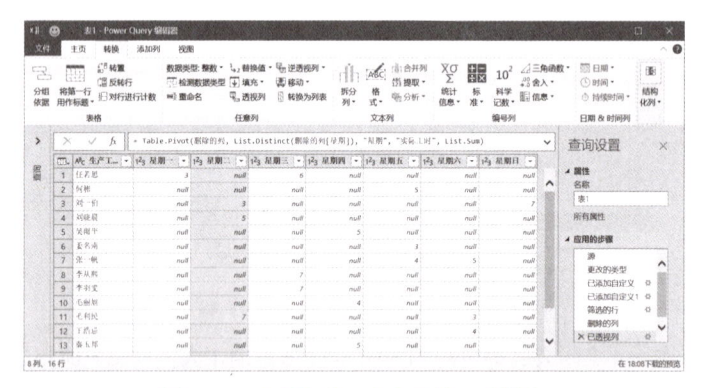

图3-79 上周每个工人每天的工时报表

再添加一个自定义列"合计"，公式如下，即可得到上周的合计数，如图3-80所示。

`List.Sum({[星期一],[星期二],[星期三],[星期四],[星期五],[星期六],[星期日]})`

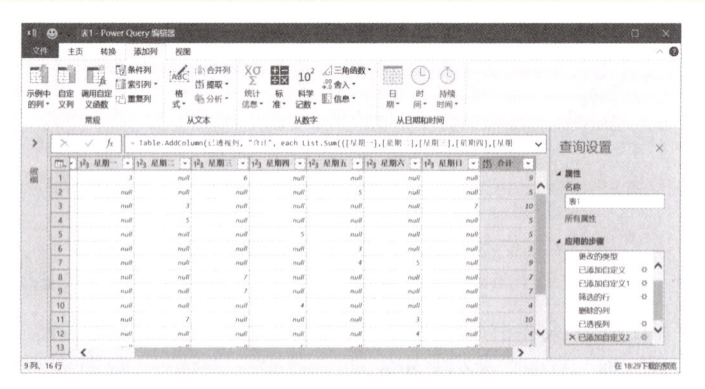

图3-80 自定义列"合计"

> **注意**
>
> 这里每天的数据不能直接相加，因为在Power Query中，null+数字 = null，因此需要使用List.Sum函数进行求和。

导出数据 Excel 工作表，得到生产工人在上周的工时报表如图 3-81 所示。

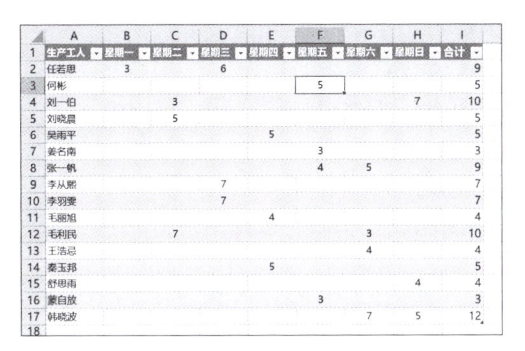

图3-81　生产工人在上周的工时报表

3.10 判断指定日期是否在当前的日期范围内

3.9 节介绍的是判断一个日期是否在以前的时间范围内。如果要判断指定日期是否是今天、是否在本周、本月、本季度、本年内，则可以使用以下函数：

- Date.IsInCurrentDay
- Date.IsInCurrentWeek
- Date.IsInCurrentMonth
- Date.IsInCurrentQuarter
- Date.IsInCurrentYear

3.10.1　Date.IsInCurrentDay 函数：判断是否为当天

Date.IsInCurrentDay 函数用于判断指定日期是否为当天，如果是，结果是 true；否则，结果是 false。其用法如下：

= Date.IsInCurrentDay(日期)

例如，假设今天是 2020-4-8，那么下面的公式结果是 true：

= Date.IsInCurrentDay(#date(2020,4,8))

而下面的公式结果是 false：

= Date.IsInCurrentDay(#date(2020,4,7))

3.10.2　Date.IsInCurrentWeek 函数：判断是否在本周内

Date.IsInCurrentWeek 函数用于判断指定日期是否在本周内，如果是，结果是 true；否则，结果是 false。其用法如下：

= Date.IsInCurrentWeek(日期)

例如，假设今天是 2020-4-8，那么下面的公式结果是 true：

= Date.IsInCurrentWeek(#date(2020,4,7))

而下面的公式结果是 false：

= Date.IsInCurrentWeek(#date(2020,4,3))

3.10.3　Date.IsInCurrentMonth 函数：判断是否在本月内

Date.IsInCurrentMonth 函数用于判断指定日期是否在本月内，如果是，结果是 true；否则，结果是 false。其用法如下：

= Date.IsInCurrentMonth(日期)

例如，假设今天是 2020-4-8，那么下面的公式结果是 true：

= Date.IsInCurrentMonth(#date(2020,4,2))

而下面的公式结果是 false：

= Date.IsInCurrentMonth(#date(2020,3,3))

3.10.4　Date.IsInCurrentQuarter 函数：判断是否在本季度内

Date.IsInCurrentQuarter 函数用于判断指定日期是否在本季度内，如果是，结果是 true；否则，结果是 false。其用法如下：

= Date.IsInCurrentQuarter(日期)

例如，假设今天是 2020-4-8，那么下面的公式结果是 true：

= Date.IsInCurrentQuarter(#date(2020,5,2))

而下面的公式结果是 false：

= Date.IsInCurrentQuarter(#date(2020,3,3))

3.10.5　Date.IsInCurrentYear 函数：判断是否在本年内

Date.IsInCurrentYear 函数用于判断指定日期是否在本年内，如果是，结果是 true；否则，结果是 false。其用法如下：

= Date.IsInCurrentYear(日期)

例如，假设今天是 2020-4-8，那么下面的公式结果是 true：

= Date.IsInCurrentYear(#date(2020,2,12))

而下面的公式结果是 false：

= Date.IsInCurrentYear(#date(2019,12,18))

3.10.6　综合应用案例：制作一键刷新的本周销售跟踪表

案例3-14

图 3-82 所示是一张销售流水数据模拟表，现在要求制作一张一键刷新的本周销售跟踪表。

首先建立基本查询。由于销售数据会不断增加，因此执行"从工作簿"命令，建立的查询如图 3-83 所示。

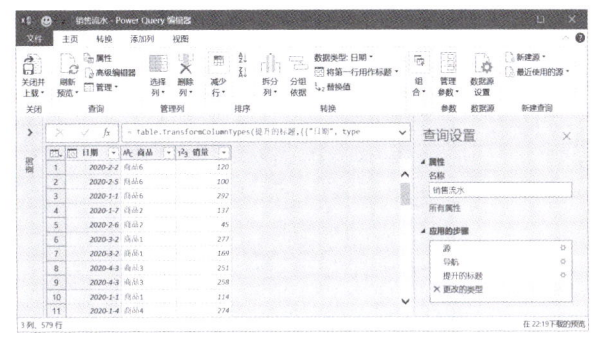

图3-82　销售流水数据模拟表

图3-83　建立基本查询

添加一个自定义列"星期",自定义列公式如下:

= Date.DayOfWeekName([日期],"zh-cn")

添加自定义列,如图 3-84 所示。

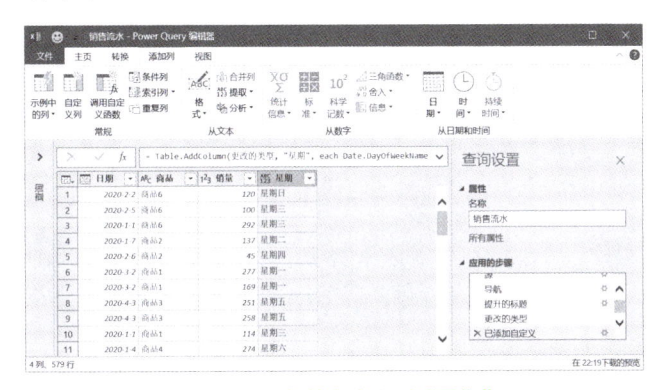

图3-84　添加的自定义列"星期"

再添加一个自定义列"本周",公式如下:

= Date.IsInCurrentWeek([日期])

添加自定义列,如图 3-85 所示。

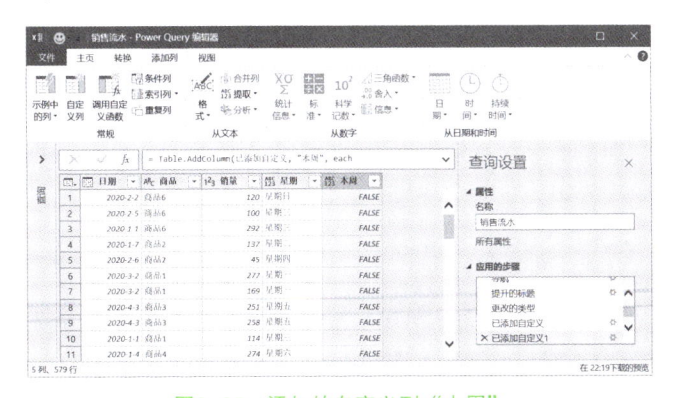

图3-85　添加的自定义列"本周"

从自定义列"本周"中筛选值为 TRUE 的记录,如图 3-86 所示。

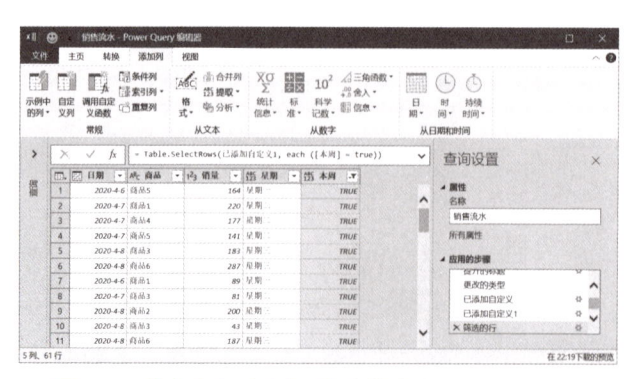

图3-86　从自定义列"本周"中筛选值为TRUE的记录

删除"日期"列和"本周"列，然后对"星期"列进行透视，得到如图 3-87 所示的本周内每种商品每天的销售报表。

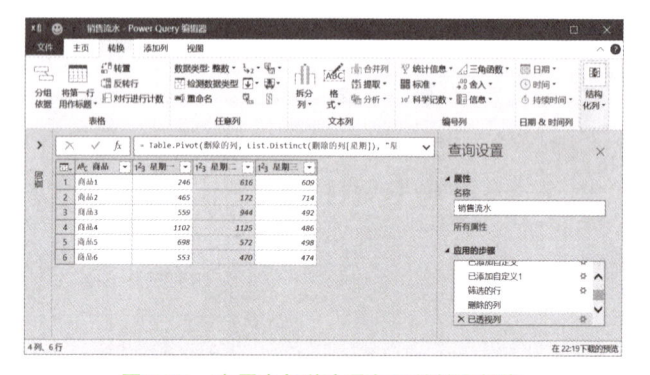

图3-87　本周内每种商品每天的销售报表

关闭查询，导出数据，即可得到本周销售跟踪表，如图 3-88 所示。

当数据增加时，"一键"刷新报表，就得到最新的数据，如图 3-89 所示。

图3-88　本周销售跟踪表

图3-89　"一键"刷新报表

3.10.7　综合应用案例：制作一键刷新的本月销售跟踪表

案例3-15

以案例 3-14 的数据为例，制作本月销售跟踪表，其基本思路是：首先从日期中提取日名称，然后判断是否在本月，并筛选本月数据，最后将进行列透视。

首先执行"从工作簿"命令建立基本查询。

添加自定义列"日"，公式如下：

```
= Text.PadStart(Text.From(Date.Day([日期])),2,"0") & "日"
```

添加自定义列"本月",公式如下:

`= Date.IsInCurrentMonth([日期])`

添加"日"和"本月"两个自定义列,如图3-90所示。

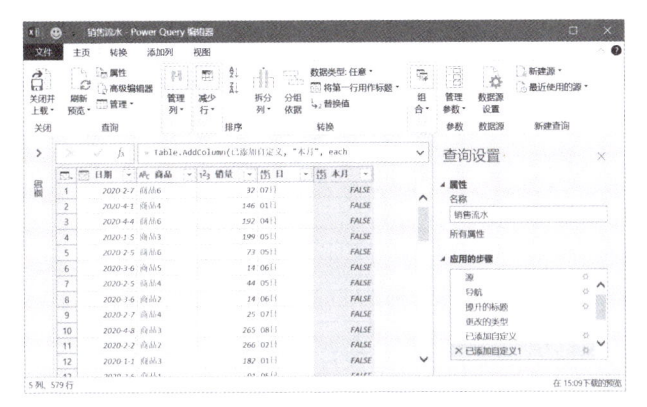

图3-90 两个自定义列"日"和"本月"

从"本月"列中筛选出值为TRUE的记录,然后删除"日期"列和"本月"列,对"商品"列进行透视,得到如图3-91所示的本月每种商品每天销售跟踪表。

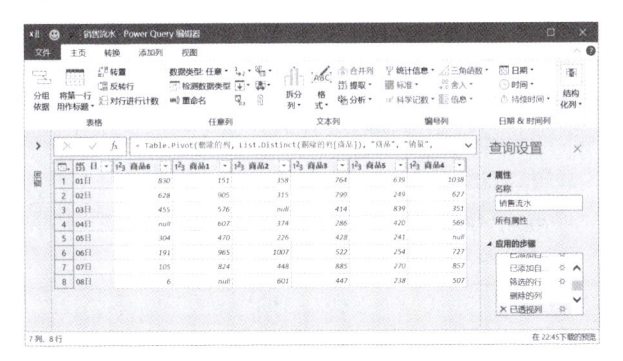

图3-91 本月每种商品每天的销售跟踪表

关闭查询,导出数据,即可得到如图3-92所示的本月销售跟踪表。

图3-92 本月销售跟踪表

3.11 判断指定日期是否在以后的日期范围内

如果要判断指定日期是否在以后的日期范围内,例如是否在下个星期、下个月、下个季度内等,可以使用以下函数:

◎ Date.IsInNextDay ◎ Date.IsInNextNDays

- Date.IsInNextWeek
- Date.IsInNextMonth
- Date.IsInNextQuarter
- Date.IsInNextYear
- Date.IsInNextNWeeks
- Date.IsInNextNMonths
- Date.IsInNextNQuarters
- Date.IsInNextNYears

3.11.1　Date.IsInNextDay 函数：确定是否为下一天

Date.IsInNextDay 函数用于判断指定日期是否为下一天，如果是，结果是 true；否则，结果是 false。其用法如下：

= Date.IsInNextDay(日期)

例如，假设今天是 2020-4-8，那么下面的公式结果是 true：

= Date.IsInNextDay(#date(2020,4,9))

3.11.2　Date.IsInNextNDays 函数：确定是否在后几天内

Date.IsInNextNDays 函数用于判断指定的日期是否在后几天内，如果是，结果是 true；否则，结果是 false。其用法如下：

= Date.IsInNextNDays(日期，天数)

例如，假设今天是 2020-4-8，那么下面的公式结果是 true：

= Date.IsInNextNDays(#date(2020,4,12),5)

3.11.3　Date.IsInNextWeek 函数：确定是否在下一周内

Date.IsInNextWeek 函数用于判断指定的日期是否在下一周内，如果是，结果是 true；否则，结果是 false。其用法如下：

=Date.IsInNextWeek(日期)

例如，假设今天是 2020-4-8，那么下面的公式结果是 true：

=Date.IsInNextWeek(#date(2020,4,15))

而下面公式的结果是 false：

= Date.IsInNextWeek(#date(2020,4,22))

3.11.4　Date.IsInNextNWeeks 函数：确定是否在下几周内

Date.IsInNextNWeeks 函数用于判断指定的日期是否在下几周内，如果是，结果是 true；否则，结果是 false。其用法如下：

= Date.IsInNextNWeeks(日期，周数)

例如，假设今天是 2020-4-8，那么下面的两个公式结果都是 true：

= Date.IsInNextNWeeks(#date(2020,4,15),1)

= Date.IsInNextNWeeks(#date(2020,4,23),2)

3.11.5　Date.IsInNextMonth 函数：确定是否在下个月内

Date.IsInNextMonth 函数用于判断指定日期是否在下个月内，如果是，结果是 true；否则，结果是 false。其用法如下：

= Date.IsInNextMonth(日期)

例如，假设今天是 2020-4-8，那么下面的公式结果是 true：

= Date.IsInNextMonth(#date(2020,5,11))

3.11.6　Date.IsInNextNMonths 函数：确定是否在下几个月内

Date.IsInNextNMonths 函数用于判断指定日期是否在下几个月内，如果是，结果是 true；否则，结果是 false。其用法如下：

= Date.IsInNextNMonths(日期，月数)

例如，假设今天是 2020-4-8，那么下面的两个公式结果都是 true：

= Date.IsInNextNMonths(#date(2020,5,29),1)

= Date.IsInNextNMonths(#date(2020,7,15),3)

3.11.7　Date.IsInNextQuarter 函数：确定是否在下个季度内

Date.IsInNextQuarter 函数用于判断指定日期是否在下个季度内，如果是，结果是 true；否则，结果是 false。其用法如下：

= Date.IsInNextQuarter(日期)

例如，假设今天是 2020-4-8，那么下面的两个公式结果都是 true：

= Date.IsInNextQuarter(#date(2020,7,9))

= Date.IsInNextQuarter(#date(2020,9,23))

3.11.8　Date.IsInNextNQuarters 函数：确定是否在下几个季度内

Date.IsInNextNQuarters 函数用于判断指定日期是否在下几个季度内，如果是，结果是 true；否则，结果是 false。其用法如下：

= Date.IsInNextNQuarters(日期，季度数)

例如，假设今天是 2020-4-8，那么下面的两个公式结果都是 true：

= Date.IsInNextNQuarters(#date(2020,7,29), 1)

= Date.IsInNextNQuarters(#date(2020,10,3),2)

3.11.9　Date.IsInNextYear 函数：确定是否在下一年内

Date.IsInNextYear 函数用于判断指定日期是否在下一年内，如果是，结果是 true；否则，结果是 false。其用法如下：

= Date.IsInNextYear(日期)

例如，假设今天是 2020-4-8，那么下面的两个公式结果都是 true：

= Date.IsInNextYear(#date(2021,2,18))

= Date.IsInNextYear(#date(2021,12,3))

3.11.10　Date.IsInNextNYears 函数：确定是否在后几年内

Date.IsInNextNYears 函数用于判断指定日期是否在后几年内，如果是，结果是 true；否则，结果是 false。其用法如下：

= Date.IsInNextNYears(日期，年数)

例如，假设今天是 2020-4-8，那么下面的两个公式结果都是 true：

```
= Date.IsInNextNYears(#date(2021,12,29),1)
= Date.IsInNextNYears(#date(2023,2,3),3)
```

3.12 Date.ToText函数：将日期转换为文本

如果要将日期按照指定的格式转换为文本，可以使用 Date.ToText 函数。其用法如下：

```
=Date.ToText(日期,指定格式,时区参数)
```

下面的公式结果是文本 "2020/4/8"：

```
= Date.ToText(#date(2020,4,8))
```

下面的公式结果是文本 " 2020 年 04 月 08 日 "（注意月份必须是大写 M，大写 M 表示月，小写 m 表示分钟）：

```
= Date.ToText(#date(2020,4,8),"yyyy年MM月dd日")
```

下面的公式结果是文本 " 2020 年 "：

```
= Date.ToText(#date(2020,4,8),"yyyy年")
```

下面的公式结果是文本 " 04 月 "：

```
= Date.ToText(#date(2020,4,8),"MM月")
```

下面的公式结果是文本 "20200408"：

```
= Date.ToText(#date(2020,4,8),"yyyyMMdd")
```

下面的公式结果是文本 "2020/04/08"：

```
= Date.ToText(#date(2020,4,8),"yyyy/MM/dd")
```

3.13 综合应用案例：制作周生产计划完成跟踪表

案例3-16

图 3-93 为两张示例表，一张是全年的每种产品每周生产计划表，一张是每天的每种产品的实际生产记录表，现在要制作一个每种产品生产情况跟踪表。

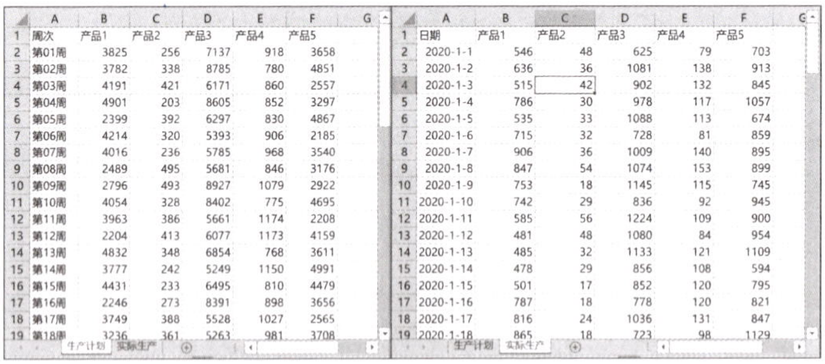

周次	产品1	产品2	产品3	产品4	产品5
第01周	3825	256	7137	918	3658
第02周	3782	338	8785	780	4851
第03周	4191	421	6171	860	2557
第04周	4901	203	8605	852	3297
第05周	2399	392	6297	830	4867
第06周	4214	320	5393	906	2185
第07周	4016	236	5785	968	3540
第08周	2489	495	5681	846	3176
第09周	2796	493	8927	1079	2922
第10周	4054	328	8402	775	4695
第11周	3963	386	5661	1174	2208
第12周	2204	413	6077	1173	4159
第13周	4832	348	6854	768	3611
第14周	3777	242	5249	1150	4991
第15周	4431	233	6495	810	4479
第16周	2246	273	8391	898	3656
第17周	3749	388	5528	1027	2565
第18周	3236	361	5263	981	3708

生产计划 实际生产

日期	产品1	产品2	产品3	产品4	产品5
2020-1-1	546	48	625	79	703
2020-1-2	636	36	1081	138	913
2020-1-3	515	42	902	132	845
2020-1-4	786	30	978	117	1057
2020-1-5	535	33	1088	113	674
2020-1-6	715	32	728	81	859
2020-1-7	906	36	1009	140	895
2020-1-8	847	54	1074	153	899
2020-1-9	753	18	1145	115	745
2020-1-10	742	29	836	92	945
2020-1-11	585	56	1224	109	900
2020-1-12	481	48	1080	84	954
2020-1-13	485	32	1133	121	1109
2020-1-14	478	29	856	108	594
2020-1-15	501	17	852	120	795
2020-1-16	787	18	778	120	821
2020-1-17	816	24	1036	131	847
2020-1-18	865	18	723	98	1129

生产计划 实际生产

图3-93 示例表

执行“数据”→“新建查询”→“从文件”→“从工作簿”命令，选择要查询的工作簿文件，打开“导航器”对话框，如图 3-94 所示，选中“选择多项”复选框，并同时选中两张表“生产计划”和“实际生产”。

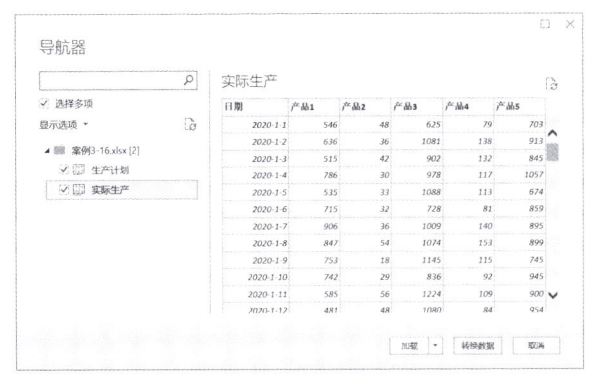

图3-94 "导航器"对话框

单击"转换数据"按钮,进入 Power Query 编辑器,如图3-95所示。

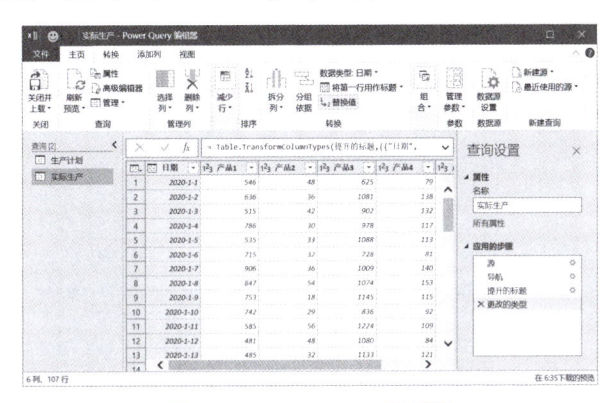

图3-95 Power Query编辑器

在左侧的查询栏中选择"实际生产"表,为该查询添加一个自定义列"周次",自定义列公式如下:

= "第" & Text.PadStart(Text.From(Date.WeekOfYear([日期],Day.Monday)),2,"0") & "周"

添加自定义列,如图3-96所示。

图3-96 自定义列"周次"

99

这样在"实际生产"表中添加了一个自定义列"周次",如图 3-97 所示。

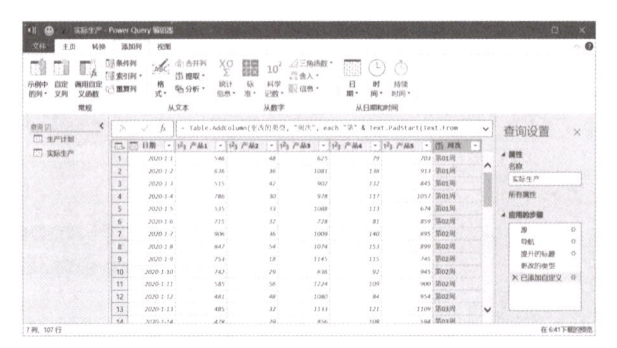

图3-97　添加了自定义列"周次"

对"实际生产"表进行分组,计算每种产品每周的实际生产量,如图 3-98 所示。

图3-98　"分组依据"对话框

这样得到如图 3-99 所示的每周每种产品的实际生产汇总表。

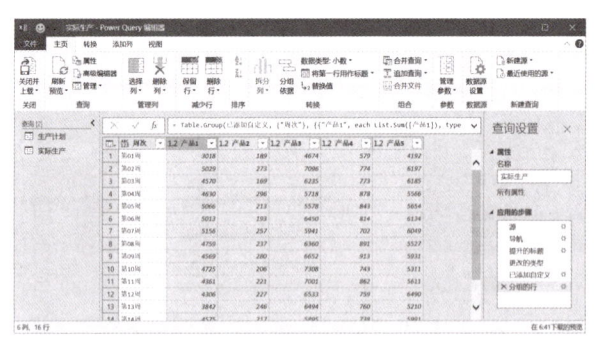

图3-99　每周每种产品的实际生产汇总表

选择各个产品列,进行逆透视,并修改逆透视后的列名,得到如图 3-100 所示的实际生产逆透视报表。

给这张表再添加一个自定义列"类别",自定义列公式如下:
= " 实际 "

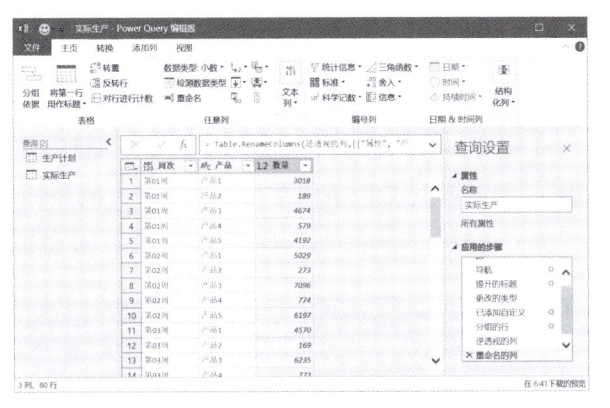

图3-100　实际生产逆透视报表

添加自定义列,如图 3-101 所示。

图3-101　自定义列"类别"

这样"实际生产"表就增加一列"类别",此时得到实际生产汇总表,如图 3-102 所示。

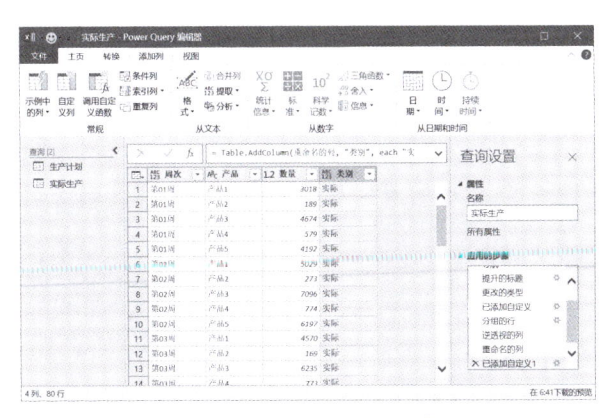

图3-102　实际生产汇总表

在左侧的查询栏中选择"生产计划"表，对各个产品列进行逆透视，修改列标题，添加自定义列"类别"，公式为"="计划""，就得到如图3-103所示的"生产计划"表。

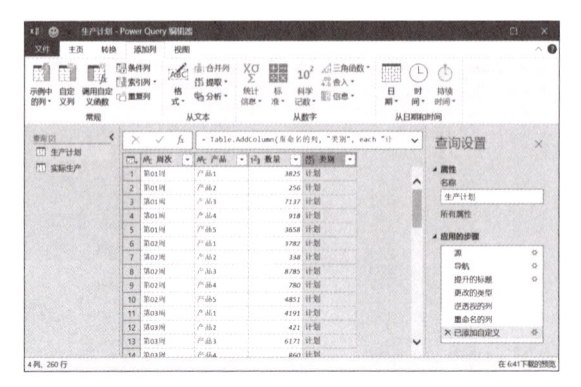

图3-103　整理后的"生产计划"表

执行"开始"→"追加查询"→"将查询追加为新查询"命令，准备将两个表合并在一起，如图3-104所示。

这样得到如图3-105所示的生产计划和实际生产的合并表，然后将默认的查询名Append1修改为"执行"。

图3-104　准备合并两个表　　　　图3-105　生产计划和实际生产的合并表

对"类别"列进行透视操作，就得到如图3-106所示的表。

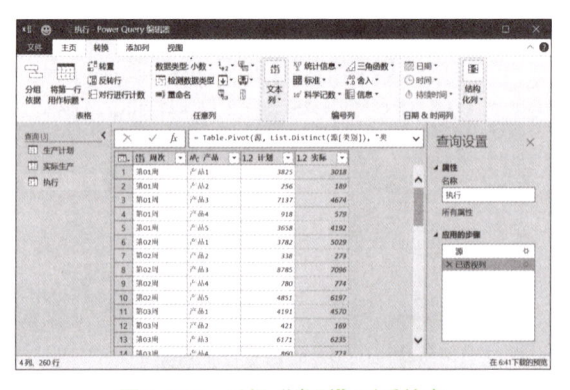

图3-106　透视"类别"列后的表

添加一个自定义列"差异"，公式如下，就得到如图3-107所示的每种产品的每周生产计划执行差异表。

=[实际]-[计划]

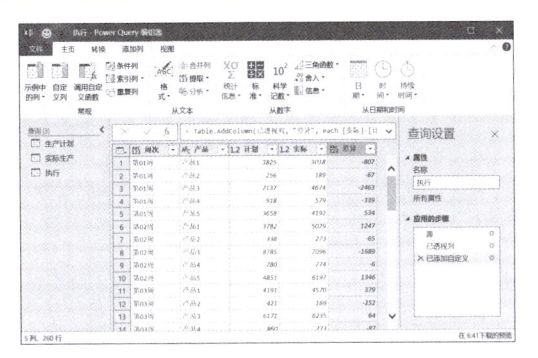

图3-107 每种产品的每周生产计划执行差异表

将"计划""实际"和"差异"三列的数据类型设置为"整数"，如图3-108所示。

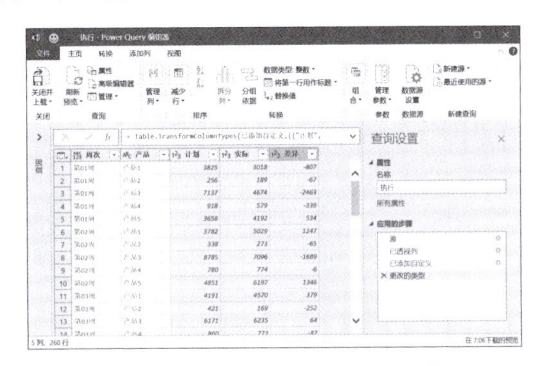

图3-108 数据类型设置为"整数"

图3-107所示的每种产品的每周生产计划执行差异表，可以在Excel中使用数据透视表继续进行处理。

将查询加载为连接，并选中"将此数据添加到数据模型"复选框，如图3-109所示。

然后针对表创建Power Pivot，进行布局，美化数据透视表，就得到如图3-110所示的计划执行表。

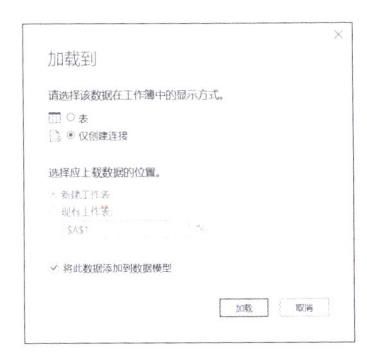

图3-109 加载数据

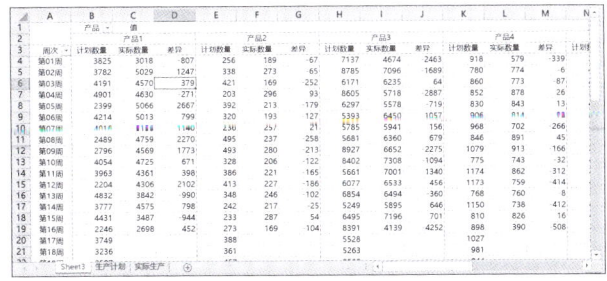

图3-110 计划执行表

103

也可以使用切片器，查看任意周次的各种产品的生产完成情况，如图 3-111 所示。

如果要跟踪每种产品的累计完成情况，可以对透视表进行重新布局，将数量显示为"按某一字段汇总"，并使用切片器筛选产品，得到的每周完成情况和累计完成情况如图 3-112 所示。

图3-111　查看任意周次的各种产品的生产完成情况

图3-112　每周完成情况和累计完成情况

第 4 章
日期/时间函数及其应用

一般情况下，Power Query处理的日期数据都带有时间，这类数据就是日期/时间数据，这样的数据需要使用日期/时间函数处理。日期/时间函数都是以DateTime开头。

4.1 #datetime函数：输入日期/时间常量

如果要输入一个固定日期/时间常量，就需要使用 #datetime 函数。

#datetime 函数用于将年、月、日、时、分、秒 6 个数字构建成一个真正的日期/时间，用法如下：

= #datetime (年,月,日,时,分,秒)

这 6 个数字的取值范围如下：

- 年：1~9999。
- 月：1~12。
- 日：1~31。
- 时：0~23。
- 分：0~59。
- 秒：0~59。

例如，下面的函数结果是 2020-4-9 6:34:48。

= #datetime (2020,4,9,6,34,48)

> **注意**
> 该函数名字的字母都是小写，并且名字前面必须有井号(#)。

4.2 将文本或数值转换为日期/时间

如果要将文本型的日期/时间，或者表示日期/时间的数值，转换为真正的日期/时间数据，可以使用以下函数：

- DateTime.From
- DateTime.FromText

4.2.1 DateTime.From 函数：将数值转换为日期/时间

DateTime.From 函数用于将数值转换为日期/时间。其用法如下：

= DateTime.From (数值,区域选项)

例如，下面的公式是将数字 43930 转换为日期/时间 2020-4-9 0:00:00：

= DateTime.From(43930)

下面的公式是将数字 43930.41 转换为日期/时间 2020-4-9 9:50:24：

= DateTime.From(43930.41)

4.2.2 DateTime.FromText 函数：将文本型日期/时间转换为真正的日期/时间

DateTime.FromText 函数根据 ISO8601 格式标准，将文本型的日期/时间转换为真正的日期/时间。其用法如下：

=DateTime.FromText(文本型日期/时间，区域选项)

例如，下面的公式是将文本 "2020-4-9 7:12:45" 转换为日期/时间 2020-4-9 7:12:45：

=DateTime.FromText("2020-4-9 7:12:45")

下面的公式是将文本 "20200409T071245" 转换为日期/时间 2020-4-9 7:12:45：

= DateTime.FromText("20200409T071245")

4.3 从日期/时间中提取日期部分和时间部分

当需要从日期/时间中提取日期部分和时间部分时，可以使用以下函数：

◎ DateTime.Date
◎ DateTime.Time

4.3.1 DateTime.Date 函数：从日期/时间中提取日期部分

从日期/时间中提取日期部分，可以使用 DateTime.Date 函数。其用法如下：

= DateTime.Date(日期/时间)

例如，下面的公式是获取日期/时间 2020-4-9 7:12:45 的日期部分 2020-4-9：

= DateTime.Date(#datetime(2020,4,9,7,12,45))

4.3.2 DateTime.Time 函数：从日期/时间中提取时间部分

从日期/时间中提取日期部分，可以使用 DateTime.Time 函数。其用法如下：

= DateTime.Time(日期/时间)

例如，下面的公式是获取日期/时间 2020-4-9 7:12:45 的时间部分 7:12:45：

= DateTime.Time(#datetime(2020,4,9,7,12,45))

4.3.3 从日期/时间中提取年、季度、月、日数字

可以使用第 3 章介绍的日期函数 Date.Year、Date.QuarterOfYear、Date.Month、Date.MonthName 和 Date.Day，从日期/时间中提取年、季度、月、日数字。

提取年份数字，结果是 2020：

= Date.Year(#datetime(2020,4,9,7,12,45))

提取季度数字，结果是 2：

= Date.QuarterOfYear(#datetime(2020,4,9,7,12,45))

提取月份数字，结果是 4：

= Date.Month(#datetime(2020,4,9,7,12,45))

提取月份名称，结果是"四月"：

= Date.MonthName(#datetime(2020,4,9,7,12,45))

提取日数字，结果是 9：

= Date.Day(#datetime(2020,4,9,7,12,45))

4.4 获取系统日期/时间

在 Excel 中，如果要获取系统当天日期，可以使用 TODAY 函数；如果要获取系统当前日期和时间，可以使用 NOW 函数。在 Power Query 中，则需要使用以下函数：

- DateTime.LocalNow
- DateTime.FixedLocalNow

4.4.1 DateTime.LocalNow 函数：获取系统当天日期/时间

DateTime.LocalNow 函数用于获取系统当天日期/时间。其用法如下：

= DateTime.LocalNow()

> **注意**
>
> 该函数没有参数。该函数的结果中既有日期，也有时间，等同于Excel的NOW函数。如果要参与计算，则需要根据具体情况进行处理。

案例4-1

图 4-1 所示是一张合同表，现在需要添加一个自定义列，计算合同到期日的剩余天数。

建立查询，如图 4-2 所示。

图4-1　合同表　　　　　　　　　图4-2　建立查询

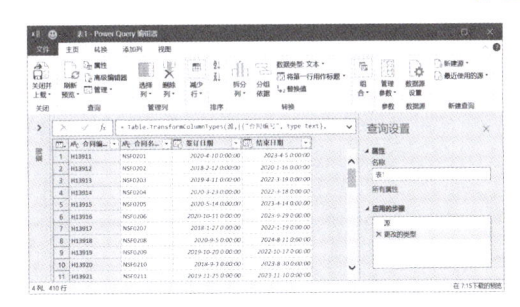

先将两列日期的数据类型设置为"日期"，然后添加一个自定义列"到期天数"，公式如下：

= [结束日期]-DateTime.Date(DateTime.LocalNow())

添加自定义列，如图 4-3 所示

得到到期天数，如图 4-4 所示。

图4-3　自定义列"到期天数" 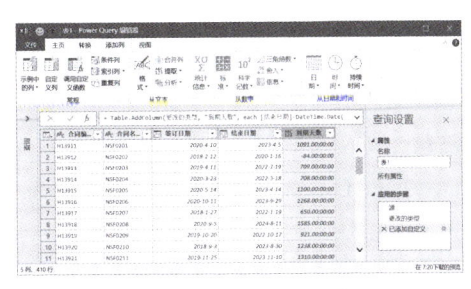　　　　图4-4　得到到期天数

107

最后将该列的数据类型设置为"整数",即可完成合同到期天数的计算,如图4-5所示。

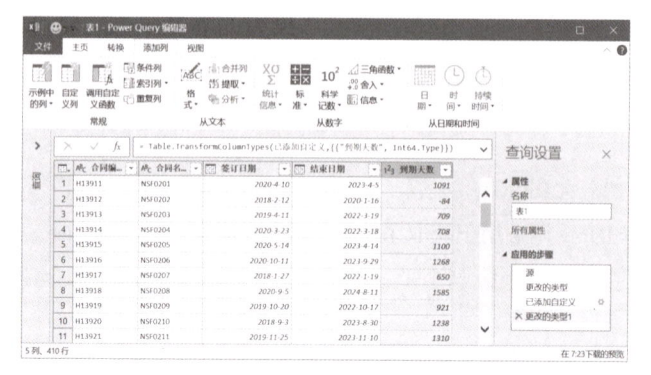

图4-5 最终合同到期天数

如果没有重新设置日期类型的原始日期(即带时间的日期,见图4-2),就无须使用DateTime.Date 函数提取日期,直接相减即可,公式如下:

= [结束日期] - DateTime.LocalNow()

此时,得到的到期天数是带小数点的数字,如图4-6所示。在该列数据中,整数部分代表天,整数后面的是零头的时间(是 DateTime.LocalNow 函数带来的)。

例如,数字 1090.16:30:19.8329761 就表示 1090 天 16 小时 30 分钟 19.8329761 秒。

需要将该列的数据类型设置为"整数",才能得到正确结果。

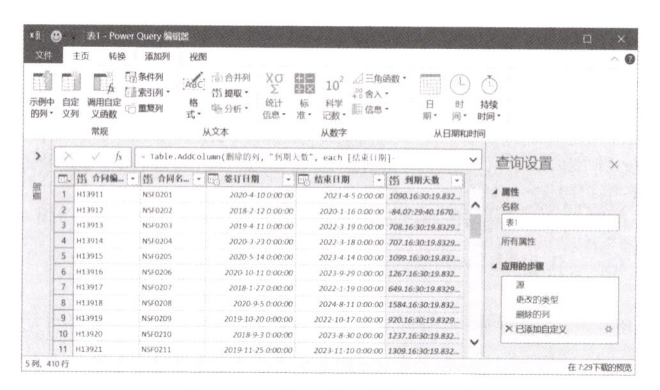

图4-6 计算出带小数点的天数

4.4.2 DateTime.FixedLocalNow 函数:获取一个固定系统日期/时间

DateTime.FixedLocalNow 函数用于获取一个固定的系统日期/时间。其用法如下:

= DateTime.FixedLocalNow()

> **注意**
>
> DateTime.LocalNow 函数的结果是不断变化的,而 DateTime.FixedLocalNow 函数一经计算,就是一个固定的日期/时间。

4.5 判断指定日期/时间是否在以前的时间范围内

判断指定日期/时间是否在以前的时间范围之内的函数如下：

- DateTime.IsInPreviousHour
- DateTime.IsInPreviousMinute
- DateTime.IsInPreviousSecond
- DateTime.IsInPreviousNHours
- DateTime.IsInPreviousNMinutes
- DateTime.IsInPreviousNSeconds

这些函数计算结果与计算机系统时间密切相关，会随时变化。

4.5.1 DateTime.IsInPreviousHour 函数：确定是否在前一小时内

DateTime.IsInPreviousHour 函数用于判断指定日期/时间是否在前一小时内，如果是，结果是 true；否则，结果是 false。其用法如下：

=DateTime.IsInPreviousHour(日期/时间)

例如，现在是 2020-4-9 8:31:23，那么下面的公式结果是 true：

= DateTime.IsInPreviousHour(#datetime(2020,4,9,7,56,18))

4.5.2 DateTime.IsInPreviousNHours 函数：确定是否在前几个小时内

DateTime.IsInPreviousNHours 函数用于判断指定的日期/时间是否在前几个小时内，如果是，结果是 true；否则，结果是 false。其用法如下：

= DateTime.IsInPreviousNHours(日期/时间,小时数)

例如，假定现在是 2020-4-9 8:31:23，那么下面的公式结果是 true：

= DateTime.IsInPreviousNHours(#datetime(2020,4,9,6,21,18),3)

而下面的公式结果就是 false：

= DateTime.IsInPreviousNHours(#datetime(2020,4,9,6,21,18),1)

4.5.3 DateTime.IsInPreviousMinute 函数：确定是否在前一分钟内

DateTime.IsInPreviousMinute 函数用于判断指定日期/时间是否在前一分钟内，如果是，结果是 true；否则，结果是 false。其用法如下：

= DateTime.IsInPreviousMinute(日期/时间)

例如，现在是 2020-4-9 8:37:45，那么下面的公式结果是 true：

= DateTime.IsInPreviousMinute(#datetime(2020,4,9,8,36,58))

4.5.4 DateTime.IsInPreviousNMinutes 函数：确定是否在前几分钟内

DateTime.IsInPreviousNMinutes 函数用于判断指定的日期/时间是否在前几分钟内，如果是，结果是 true；否则，结果是 false。其用法如下：

= DateTime.IsInPreviousNMinutes(日期/时间,分钟数)

例如，现在是 2020-4-9 8:40:45，那么下面的公式结果是 true：

= DateTime.IsInPreviousNMinutes(#datetime(2020,4,9,8,21,18),30)

4.5.5 DateTime.IsInPreviousSecond 函数：确定是否在前一秒内

DateTime.IsInPreviousSecond 函数用于判断指定日期/时间是否在前一秒内，如果是，结果是 true；否则，结果是 false。其用法如下：

```
= DateTime.IsInPreviousSecond(日期/时间)
```

4.5.6 DateTime.IsInPreviousNSeconds 函数：确定是否在前几秒内

DateTime.IsInPreviousNSeconds 函数用于判断指定的日期/时间是否在前几秒内，如果是，结果是 true；否则，结果是 false。其用法如下：

```
= DateTime.IsInPreviousNSeconds(日期/时间,秒数)
```

4.5.7 综合应用案例：一键刷新过去 12 小时的订单跟踪报表

> 案例4-2

图 4-7 所示是一组会随时更新的下单数流水数据，现在要求制作过去 12 小时内，每小时的订单跟踪报表。

建立基本查询，如图 4-8 所示。

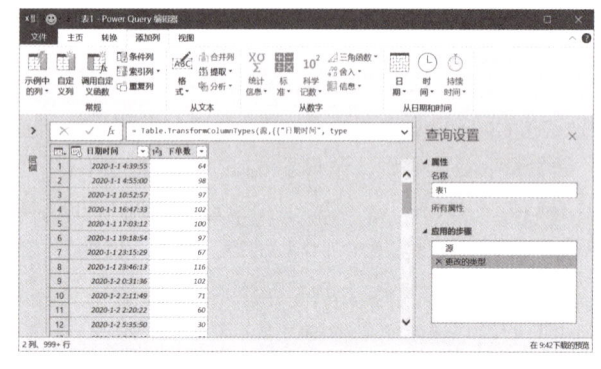

图4-7 下单数流水数据　　　　图4-8 建立基本查询

添加自定义列"日"，从日期中提取日名称，公式如下：

```
= Date.ToText(DateTime.Date([日期时间]),"M月d日")
```

添加自定义列，如图 4-9 所示。

图4-9 自定义列"日"

再添加一个自定义列"小时"，提取小时数，公式如下：

```
= Text.PadStart(Text.From(Time.Hour([日期时间])) & "点",3,"0")
```

添加自定义列，如图 4-10 所示。

图4-10　自定义列"小时"

再添加一个自定义列"过去 12 小时"，判断时间是否在前 12 小时内，公式如下：
= DateTime.IsInPreviousNHours([日期时间],12)
添加自定义列，如图 4-11 所示。
这样得到如图 4-12 所示的数据表。

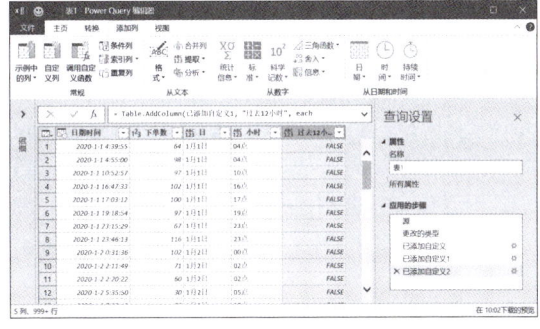

图4-11　自定义列"过去12小时"

图4-12　添加自定义列后的数据表

从"过去 12 小时"列中筛选出 TRUE 的记录，然后再删除第一列和最后一列，整理后的数据表如图 4-13 所示。

建立分组，如图 4-14 所示。

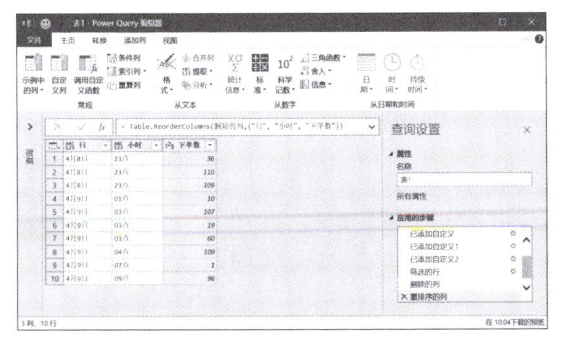

图4-13　整理后的数据表

图4-14　建立分组

这样得到如图 4-15 所示的分组数据结果。

将数据导出 Excel 工作表，即可得到过去 12 小时的销售统计报表，如图 4-16 所示。

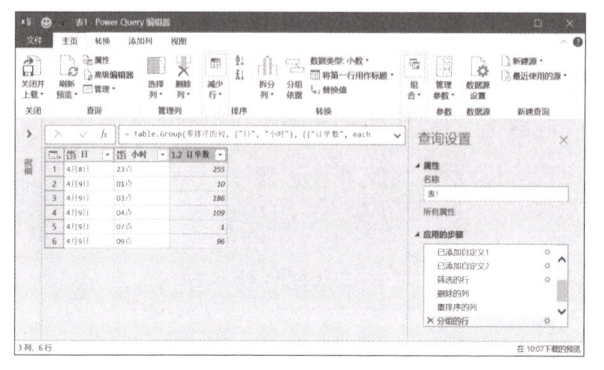

图4-15　分组数据结果

图4-16　过去12小时的销售统计报表

4.6 判断指定日期/时间是否在当前的时间范围内

判断指定日期/时间是否在当前的时间范围内的函数如下：

◎ DateTime.IsInCurrentHour　　　　　　◎ DateTime.IsInCurrentMinute

◎ DateTime.IsInCurrentSecond

这些函数计算结果与计算机系统时间密切相关，会随时变化。

4.6.1　DateTime.IsInCurrentHour 函数：确定是否在当前小时内

DateTime.IsInCurrentHour 函数用于判断指定日期/时间是否在当前小时内，如果是，结果是 true；否则，结果是 false。其用法如下：

= DateTime.IsInCurrentHour(日期/时间)

例如，现在是 2020-4-9 8:48:23，那么下面的公式结果是 true：

= DateTime.IsInCurrentHour(#datetime(2020,4,9,8,16,33))

而下面的公式结果就是 false：

= DateTime.IsInCurrentHour(#datetime(2020,4,9,7,16,33))

4.6.2　DateTime.IsInCurrentMinute 函数：确定是否在当前分钟内

DateTime.IsInCurrentMinute 函数用于判断指定日期/时间是否在当前分钟内，如果是，结果是 true；否则，结果是 false。其用法如下：

= DateTime.IsInCurrentMinute (日期/时间)

例如，现在是 2020-4-9 8:53:43，那么下面的公式结果是 true：

= DateTime.IsInCurrentMinute(#datetime(2020,4,9,8,53,16))

4.6.3　DateTime.IsInCurrentSecond 函数：确定是否在当前秒内

DateTime.IsInCurrentSecond 函数用于判断指定日期/时间是否在当前秒内，如果是，结果是 true；否则，结果是 false。其用法如下：

```
=DateTime.IsInCurrentSecond(日期/时间)
```

4.6.4 综合应用案例：查看当前 1 小时内出库的商品

案例4-3

图 4-17 所示是模拟出库商品记录单，记录已经出库和当前正在出库的产品数据，现在要制作一个查看当前 1 小时内正在出库的商品及数量报表。

建立基本查询，如图 4-18 所示。

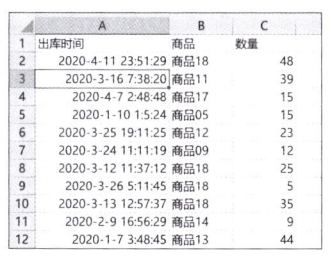

图4-17　模拟出库商品记录单　　　　图4-18　建立基本查询

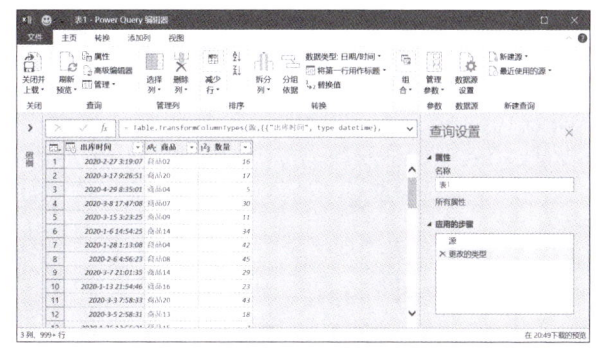

添加自定义列"当前时间出库"，判断商品是否在当前 1 小时内出库，公式如下：

```
= DateTime.IsInCurrentHour([出库时间])
```

添加自定义列，如图 4-19 所示。

这样得到如图 4-20 所示的结果。

图4-19　自定义列"当前时间出库" 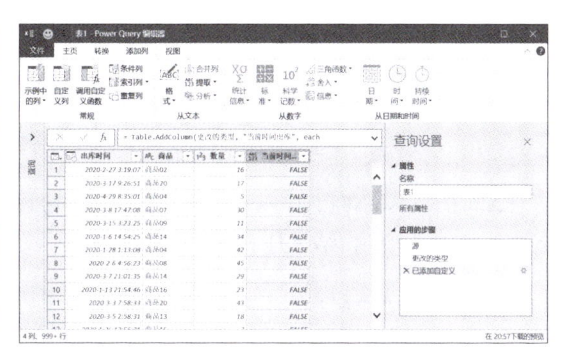　　　　图4-20　添加自定义列后的结果

从"当前时间出库"列中筛选 TRUE 的记录，就得到当前 1 小时内出库的商品，如图 4-21 所示。

删除自定义列"当前时间出库"，然后导出数据到 Excel 工作表，就得到当前 1 小时内出库商品明细。

当出库明细表数据更新后，只要刷新这个报表，即可得到最新的出库商品明细。重新刷新后的明细表如图 4-22 所示，刷新时间是 2020 年 4 月 10 日 21:34。

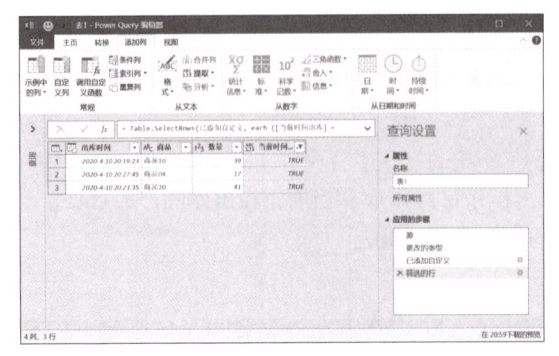

图4-21 当前1小时内出库的商品　　　　　图4-22 刷新报表

4.7 判断指定日期/时间是否在以后的时间范围内

判断指定日期/时间是否在以后的时间范围内的函数如下：

- DateTime.IsInNextHour
- DateTime.IsInNextMinute
- DateTime.IsInNextSecond
- DateTime.IsInNextNHours
- DateTime.IsInNextNMinutes
- DateTime.IsInNextNSeconds

这些函数计算结果与计算机系统时间密切相关，会随时变化。

4.7.1 DateTime.IsInNextHour 函数：确定是否在下一小时内

DateTime.IsInNextHour 函数用于判断指定日期/时间是否在下一小时内，如果是，结果是 true；否则，结果是 false。其用法如下：

= DateTime.IsInNextHour (日期 / 时间)

例如，现在是 2020-4-9 8:58:48，那么下面的公式结果是 true：

= DateTime.IsInNextHour(#datetime(2020,4,9,9,16,18))

4.7.2 DateTime.IsInNextNHours 函数：确定是否在下几个小时内

DateTime.IsInNextNHours 函数用于判断指定日期/时间是否在下几个小时内，如果是，结果是 true；否则，结果是 false。其用法如下：

= DateTime.IsInNextNHours (日期 / 时间，小时数)

例如，现在是 2020-4-9 9:11:03，那么下面的公式结果是 true：

= DateTime.IsInNextNHours(#datetime(2020,4,9,10,45,18),2)

4.7.3 DateTime.IsInNextMinute 函数：确定是否在下一分钟内

DateTime.IsInNextMinute 函数用于判断指定日期/时间是否在下一分钟内，如果是，结果是 true；否则，结果是 false。其用法如下：

= DateTime.IsInNextMinute (日期 / 时间)

例如，现在是 2020-4-9 9:03:45，那么下面的公式结果是 true：

= DateTime.IsInNextMinute(#datetime(2020,4,9,9,4,37))

4.7.4　DateTime.IsInNextNMinutes 函数：确定是否在下几分钟内

DateTime.IsInNextNMinutes 函数用于判断指定日期/时间是否在下几分钟内，如果是，结果是 true；否则，结果是 false。其用法如下：

= DateTime.IsInNextNMinutes(日期/时间, 分钟数)

例如，现在是 2020-4-9 9:05:18，那么下面的公式结果是 true：

= DateTime.IsInNextNMinutes(#datetime(2020,4,9,9,10,5),7)

4.7.5　DateTime.IsInNextSecond 函数：确定是否在下一秒内

DateTime.IsInNextSecond 函数用于判断指定日期/时间是否在下一秒内，如果是，结果是 true；否则，结果是 false。其用法如下：

= DateTime.IsInNextSecond(日期/时间)

4.7.6　DateTime.IsInNextNSeconds 函数：确定是否在下几秒内

DateTime.IsInNextNSeconds 函数用于判断指定日期/时间是否在下几秒内，如果是，结果是 true；否则，结果是 false。其用法如下：

= DateTime.IsInNextNSeconds(日期/时间,秒数)

4.7.7　综合应用案例：制作下一小时要出库的商品明细表

如果有一张出库计划表，那么可以基于这个基础表单建立一个下一小时或者下几个小时内要出库发货的商品清单。

案例4-4

图 4-23 所示是一张模拟出库计划表，现在要建立一张能够一键刷新的下一小时要出库的商品明细表。

建立查询，添加自定义列"下一小时"，计算公式如下：

=DateTime.IsInNextNHours([出库时间],1)

添加自定义列，如图 4-24 所示。

图4-23　模拟出库计划表　　　　图4-24　自定义列"下一小时"

得到如图4-25所示的表格。

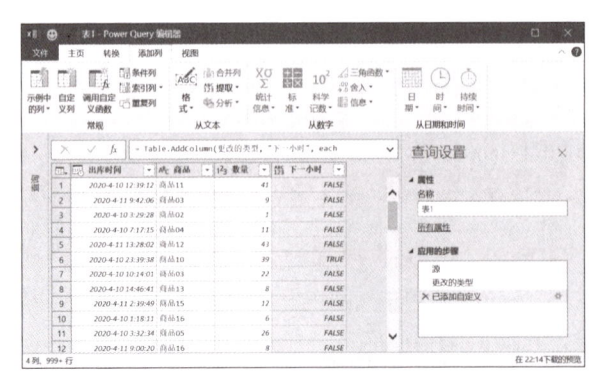

图4-25 添加自定义列"下一小时"的表格

从这个自定义列中筛选值TRUE的记录，如图4-26所示。

然后删除这个自定义列，将数据导出Excel工作表，即可得到一张能够一键刷新的下一小时要出库商品的明细表，如图4-27所示。

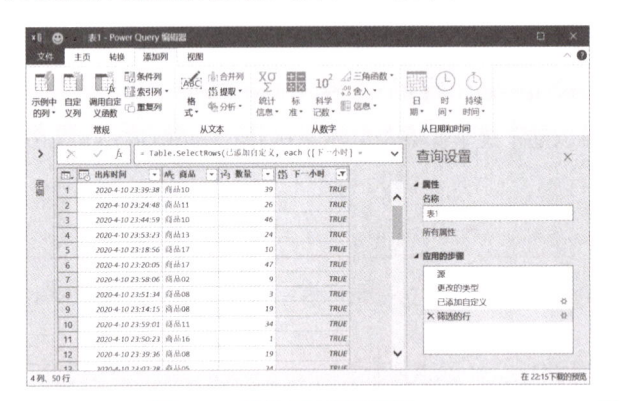

图4-26 筛选TRUE的记录

图4-27 下一小时要出库商品的明细表

4.8 综合应用案例：制作超过半年未使用过的材料明细表

案例4-5

图4-28所示的是"入库"表和"消耗"表，现在要将那些在半年内一直没有使用过的材料筛选出来，制作成超过半年未使用过的材料明细表。

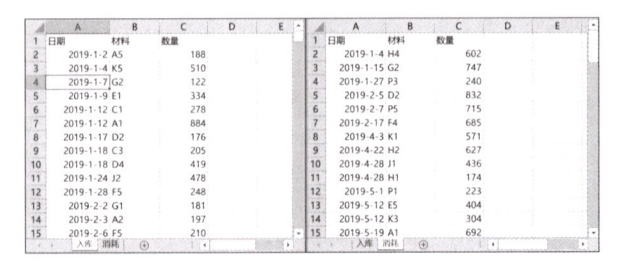

图4-28 "入库"表和"消耗"表

执行"数据"→"新建查询"→"从文件"→"从工作簿"命令，选择要查询的工作簿文件，打开"导航器"对话框，如图 4-29 所示，选中"选择多项"复选框，同时选中"入库"和"消耗"两个表。

图4-29 "导航器"对话框

单击"转换数据"按钮，进入 Power Query 编辑器，如图 4-30 所示。

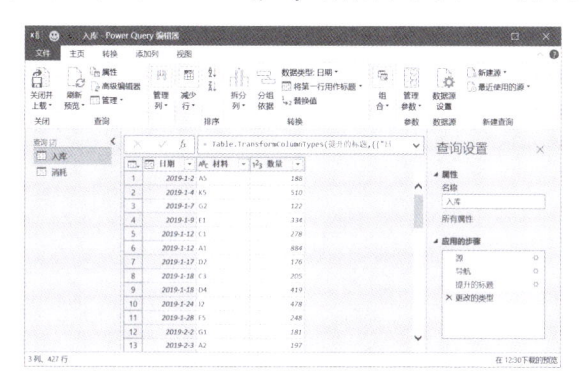

图4-30 Power Query编辑器

下面从"入库"表中筛选出在"消耗"表中没有出现的记录，此时可以使用合并查询完成。执行"开始"→"合并查询"→"将查询合并为新查询"命令，打开"合并"对话框并进行设置，如图 4-31 所示。

图4-31 "合并"对话框

117

这样得到一个新查询，这个查询表中，已经没有"消耗"表里的数据，合并查询结果如图 4-32 所示。

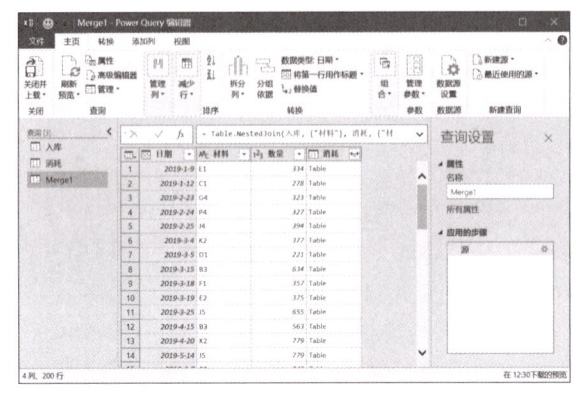

图4-32　合并查询结果

将默认的查询名称修改为"超半年未用"，并删除最后一列"消耗"。然后插入一个自定义列"天数"，计算未用材料的超期天数，公式如下：

= Duration.TotalDays(DateTime.Date(DateTime.LocalNow())-[日期])

添加自定义列，如图 4-33 所示。

图4-33　计算未用材料的超期天数

这样得到所有未用材料的从入库到现在的总天数，如图 4-34 所示。

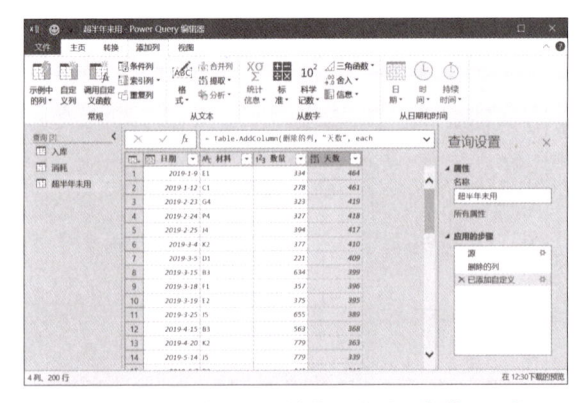

图4-34　所有未用材料的从入库到现在的总天数

从"天数"列筛选大于或等于 181 的数据，如图 4-35 所示。

最后，将查询结果导出到 Excel 工作表，即可得到一张动态刷新的超过半年未使用过的材料明细表，如图 4-36 所示。

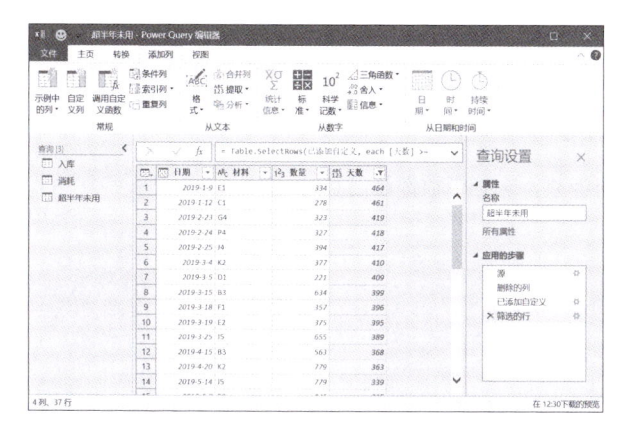

图4-35　筛选天数大于或等于181的数据　　图4-36　超过半年未使用过的材料明细表

第 5 章
时间函数及其应用

处理时间数据时，要用到一些时间函数，这些函数都是以Time开头。本章对一些常用的时间函数进行介绍。

5.1 #time函数：输入时间常量

如果要输入一个固定时间常量，就需要使用 #time 函数。

#time 函数用于将时、分、秒三个数字构建成一个真正的时间，其用法如下：

= #time (时, 分, 秒)

这三个数字的取值范围如下：

◎ 时：0~23。
◎ 分：0~59。
◎ 秒：0~59。

例如，下面的函数结果是 6:34:48：

= #time (6,34,48)

> **注意**
> 该函数名字的字母都是小写，并且名字前面必须有井号(#)。

如果是表格中的 3 列时、分、秒的数据，要将它们组合成时间，可以使用自定义列，公式如下：

=#time([时],[分],[秒])

添加自定义列，如图 5-1 所示。

得到结果如图 5-2 所示。

图5-1 自定义列"时间"

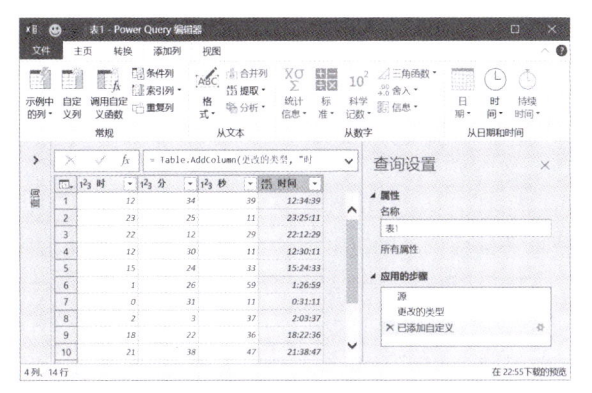

图5-2 由时、分、秒生成的时间

5.2 将文本或数值转换为时间

如果要将文本型的时间转换为真正的时间，可以使用以下函数：

◎ Time.From ◎ Time.FromText

5.2.1 Time.From 函数：将数值转换为时间

Time.From 函数用于将数值转换为时间。其用法如下：

= Time.From (数值，区域选项)

例如，下面的公式是将数字 0.395 转换为时间 9:28:48：

= Time.From(0.395)

下面的公式是将数字 0.5 转换为时间 12:00:00：

= Time.From(0.5)

5.2.2 Time.FromText 函数：将文本型时间转换为真正的时间

Time.FromText 函数根据 ISO8601 格式标准，将文本型时间转换为真正的时间。其用法如下：

Time.FromText (文本型时间，区域选项)

例如，下面的公式是将文本 "7:12:45" 转换为时间 7:12:45：

=Time.FromText("7:12:45")

5.3 从时间中提取信息

当需要从时间中提取时、分和秒时，可以使用以下函数：

◎ Time.Hour ◎ Time.Minute
◎ Time.Second

5.3.1 Time.Hour 函数：从时间中提取小时数

从日期/时间中提取小时数，可以使用 Time.Hour 函数。其用法如下：

= Time.Hour (日期/时间)

121

例如，下面的公式是获取日期/时间 2020-4-9 7:12:45 的小时数 7：

= Time.Hour(#datetime(2020,4,9,7,12,45))

下面的公式是获取时间 7:12:45 的小时数 7：

= Time.Hour(#time(7,12,45))

5.3.2　Time.Minute 函数：从时间中提取分钟数

从日期/时间中提取分钟数，可以使用 Time.Minute 函数。其用法如下：

= Time.Minute(日期/时间)

例如，下面的公式是获取日期/时间 2020-4-9 7:12:45 的分钟数 12：

= Time.Minute(#datetime(2020,4,9,7,12,45))

下面的公式是获取时间 7:12:45 的分钟数 12：

= Time.Minute(#time(7,12,45))

5.3.3　Time.Second 函数：从时间中提取秒数

从日期/时间中提取秒数，可以使用 Time.Second 函数。其用法如下：

= Time.Second(日期/时间)

例如，下面的公式是获取日期/时间 2020-4-9 7:12:45 的秒数 45：

= Time.Second(#datetime(2020,4,9,7,12,45))

下面的公式是获取时间 7:12:45 的秒数 45：

= Time.Second(#time(7,12,45))

5.4　获取一个时间的开始小时和结束小时

若需要获取一个时间的开始小时和结束小时，可以使用以下函数：

◎ Time.StartOfHour　　　　　　◎ Time.EndOfHour

这两个函数的用法分别如下：

=Time.StartOfHour(日期/时间)
=Time.EndOfHour(日期/时间)

例如，时间 10:47:33 的开始小时和结束小时各是多少？可以使用以下公式确定：

=Time.StartOfHour(#time(10,47,33))   //结果是 10:00:00
=Time.EndOfHour(#time(10,47,33))   //结果是 10:59:59.9999999

5.5　Time.ToText 函数：将时间转换为文本

如果要将时间转换为指定格式的文本，可以使用 Time.ToText 函数。其用法如下：

= Time.ToText(时间,指定的格式,区域选项)

例如，下面的公式是将时间"10:37:48"转换为文本 "10:37"：

= Time.ToText(#time(10,37,48))

下面的公式是将时间"10:37:48"转换为文本 "10:37:48"：

= Time.ToText(#time(10,37,48),"hh:mm:ss")

下面的公式是将时间"10:37:48"转换为文本" 10 小时 37 分 48 秒 "：

```
= Time.ToText(#time(10,37,48),"h 小时 m 分 s 秒 ")
```

5.6 综合应用案例：考勤数据自动化统计

5.6.1 示例数据及要求

案例5-1

图 5-3 所示是一组从刷卡机导出的考勤数据，共有 6 万多条记录。

要求对考勤数据进行处理，提取每个人每天的签到和签退情况，并计算出迟到分钟数、早退分钟数、加班分钟数。计算规则如下：

（1）出勤时间是 9:00—18:00，以 13:30 为限，13:30 以前的处理为签到，13:30 以后的处理为签退。

（2）如果没有签到，就标记为"未签到"。

（3）如果没有签退，就标记为"未签退"。

（4）如果迟到，就计算迟到分钟数。

（5）如果早退，就计算早退分钟数。

（6）从 19:00 开始算加班，如果有加班，就计算加班分钟数。

由于有 6 万多条数据，使用函数来处理非常耗时，因此，使用 Power Query 是最简单的。

图5-3 考勤数据

5.6.2 整理考勤日期和时间

建立基本查询，如图 5-4 所示。

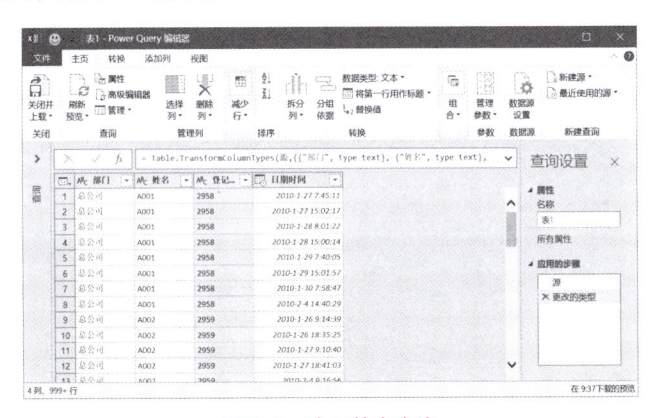

图5-4 建立基本查询

选择最后一列，利用空格分隔符分列，将日期和时间分成两列，然后将两列标题分别修改为"日期"和"时间"，删除没有用的"登记号码"列，整理后的表格如图 5-5 所示。

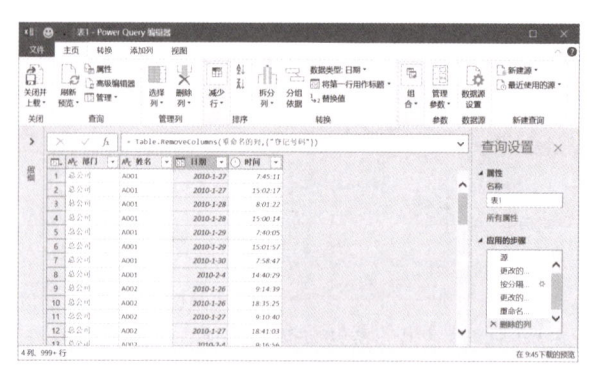

图5-5　将日期和时间分成两列

5.6.3　处理签到和签退情况

执行"分组依据"命令，并进行分组，如图5-6所示，即可将每个人的刷卡时间变为两列，如图5-7所示。

图5-6　分组数据

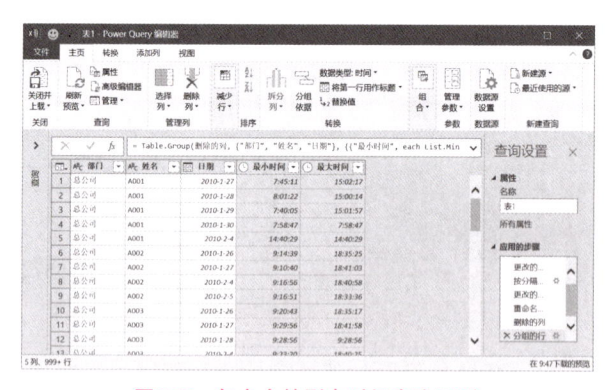

图5-7　每个人的刷卡时间变为两列

添加自定义列"签到"，计算公式如下：

```
=if [最小时间]<#time(13,30,0) then [最小时间] else "未签到"
```

添加自定义列，如图 5-8 所示。

图5-8　自定义列"签到"

添加自定义列"签退"，计算公式如下：

`if [最大时间]>=#time(13,30,0) then [最大时间] else "未签退"`

添加自定义列，如图 5-9 所示。

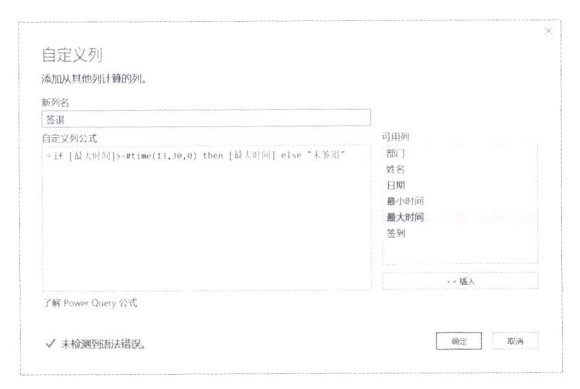

图5-9　自定义列"签退"

这样得到每个人每天的签到时间和签退时间处理结果，如图 5-10 所示。

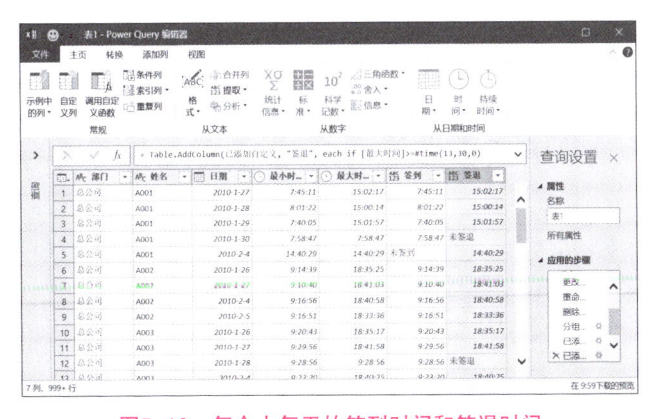

图5-10　每个人每天的签到时间和签退时间

5.6.4　计算迟到分钟数

添加自定义列"迟到分钟数"，计算公式如下：

```
=if [签到]=" 未签到 " then " 未签到 "
else if Time.From([签到])>#time(9,0,0) then
Number.Round(Duration.TotalMinutes(Time.From([签到])-#time(9,0,0)),1)
else ""
```

添加自定义列，如图 5-11 所示。

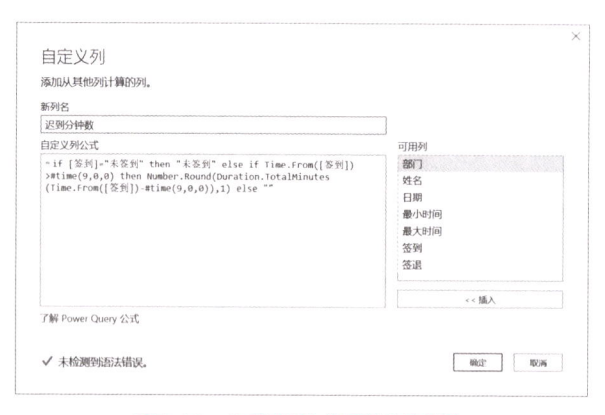

图5-11　自定义列"迟到分钟数"

5.6.5　计算早退分钟数

添加自定义列"早退分钟数"，计算公式如下：

```
=if [签退]=" 未签退 " then " 未签退 "
else if Time.From([签退])<#time(18,0,0) then
Number.Round(Duration.TotalMinutes(#time(18,0,0)-Time.From([签退])),1)
else ""
```

添加自定义列，如图 5-12 所示。

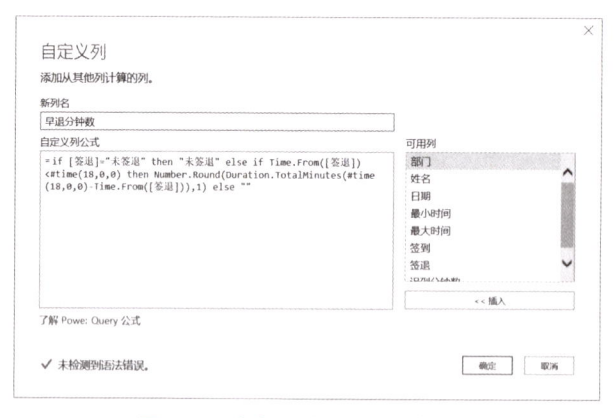

图5-12　自定义列"早退分钟数"

5.6.6　计算加班时间

添加一个自定义列"加班时间"，计算公式如下：

```
= if [签退]<>"未签退" and Time.From([签退])>=#time(19,0,0) then
Number.Round(Duration.TotalMinutes(Time.From([签退])-#time(19,0,0)),1)
else ""
```

添加自定义列，如图 5-13 所示。

这样得到要求的迟到分钟数、早退分钟数、加班时间这三个计算处理结果，如图 5-14 所示。

图5-13　自定义列"加班时间"

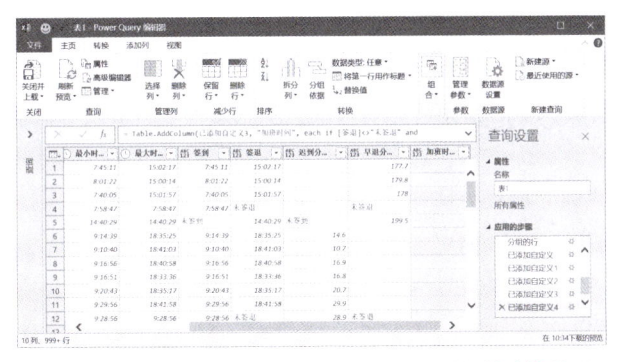

图5-14　迟到分钟数、早退分钟数和加班时间的计算结果

删除多余的"最小时间"和"最大时间"列，导出数据 Excel 工作表，即可得到每个员工的考勤数据处理结果，如图 5-15 所示。

图5-15　每个员工的考勤数据处理结果

5.6.7 制作月度考勤统计报表

如果要得到每个人在这个月的未签到次数、未签退次数、迟到次数、迟到分钟数、早退次数、早退分钟数、加班次数、加班分钟数，那么又该怎么做呢？

考虑要设计一个自动化的考勤统计报表，因此应尽可能在 Power Query 中进行处理和统计。下面在前面的查询上进行进一步完善。

1. 签到统计

添加一个自定义列"未签到次数"，计算公式如下：

= if [签到]="未签到" then 1 else 0

添加一个自定义列"迟到次数"，计算公式如下：

= if [迟到次数]<>"未签到" and [迟到次数]<>"" then 1 else 0

添加一个自定义列"迟到时间数"，计算公式如下：

= if [迟到分钟数]<>"未签到" and [迟到分钟数]<>"" then [迟到分钟数] else 0

2. 签退统计

添加一个自定义列"未签退次数"，计算公式如下：

= if [签退]="未签退" then 1 else 0

添加一个自定义列"早退次数"，计算公式如下：

= if [早退分钟数]<>"未签退" and [早退分钟数]<>"" then 1 else 0

添加一个自定义列"早退时间数"，计算公式如下：

= if [早退分钟数]<>"未签退" and [早退分钟数]<>"" then [早退分钟数] else 0

3. 加班统计

添加一个自定义列"加班次数"，计算公式如下：

= if [加班时间]<>"" then 1 else 0

添加一个自定义列"加班时间数"，计算公式如下：

= if [加班时间]<>"" then [加班时间] else 0

这样得到新添加的 8 个自定义列，如图 5-16 所示。

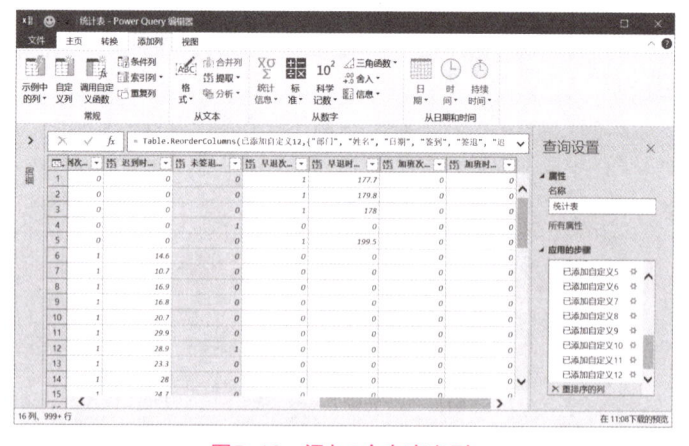

图5-16 添加8个自定义列

进行分组处理，如图 5-17 所示。

图5-17 分组处理数据

这样得到每个人在本月的考勤统计数据，如图5-18所示。

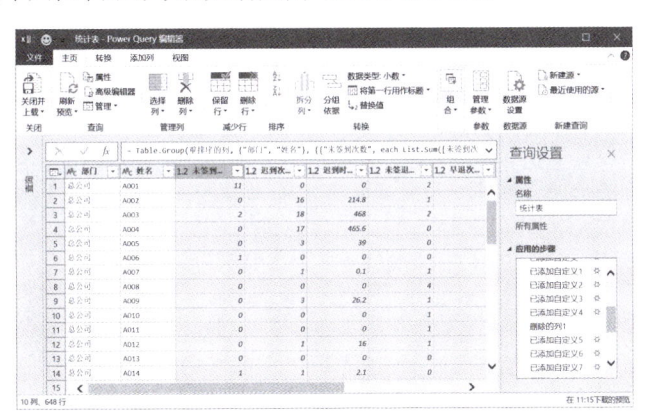

图5-18 每个人在本月的考勤统计数据

将数据导出 Excel 工作表，即可得到每个人在本月的考勤统计报表，如图 5-19 所示。

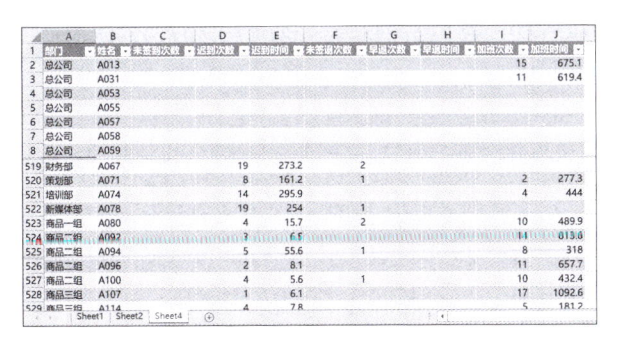

图5-19 每个人在本月的考勤统计报表

第 6 章
持续时间函数及其应用

持续时间是指一个连续的时间值。例如，2 天 3 小时 41 分钟 55 秒，就是一个持续时间。在 Power Query 中，对持续时间进行处理，可以使用持续时间函数，它们都是以 Duration 开头。

持续时间的写法是：天.时:分:秒.秒的小数部分。例如，21.10:37:55.3858，就是21天10小时37分55.3858秒。

6.1 #duration函数：输入持续时间

如果要输入一个持续时间常量，就需要使用 #duration 函数。其用法如下：

```
= #duration(日,时,分,秒)
```

例如，下面的公式就是输入 2 天 3 小时 41 分钟 55 秒，计算结果为 2.03:41:55：

```
= #duration(2,3,41,55)
```

> **注意**
> 该函数名的字母都是小写,并且函数名前面必须有井号(#)。

6.2 将数值或文本转换为持续时间

当需要将数值或文本转换为持续时间时，可以使用以下函数：

◎ Duration.From
◎ Duration.FromText

6.2.1 Duration.From 函数：将数值转换为持续时间

例如，数值 5.2829495 代表 5.2829495 天，如何将其转换为持续时间呢？使用 Duration.From 函数即可。其用法如下：

```
= Duration.From(数值)
```

例如，将数值 5.2829495 转换为持续时间为 5.06:47:26.8368000，公式如下：

```
= Duration.From(5.2829495)
```

下面的公式是将 5.2575 转换为持续时间 5.06:10:48，也就是 5 天 6 小时 10 分 48 秒：

```
= Duration.From(5.2575)
```

6.2.2 Duration.FromText 函数：将文本型数字转换为持续时间

如果是文本型数字，要将其转换为持续时间，就需要使用 Duration.FromText 函数。其用法如下：

= Duration.FromText 函数（文本型数字）

注意，文本型数字必须符合规范结构，即"天数.小时:分钟:秒.秒的小数部分"，才能正确转换。

例如，下面的公式是将文本 "12.6:37:41.39599" 转换为持续时间 12.06:37:41.3959900：

= Duration.FromText("12.6:37:41.39599")

6.3 从持续时间中提取信息

给定或算出一个持续时间后，可以使用函数从这个持续时间中提取相关信息，例如，天数、小时数、分钟数、秒数等，相关函数如下：

- Duration.Days
- Duration.Hours
- Duration.Minutes
- Duration.Seconds

6.3.1 Duration.Days 函数：从持续时间中提取天数

如果要从一个持续时间中提取天数，可以使用 Duration.Days 函数。其用法如下：

=Duration.Days(持续时间)

例如，下面的公式得到天数 5：

= Duration.Days(#duration(5,3,41,18))

6.3.2 Duration.Hours 函数：从持续时间中提取小时数

如果要从一个持续时间中提取小时数，可以使用 Duration.Hours 函数。其用法如下：

=Duration.Hours(持续时间)

例如，下面的公式得到小时数 3：

= Duration.Hours(#duration(5,3,41,18))

6.3.3 Duration.Minutes 函数：从持续时间中提取分钟数

如果要从一个持续时间中提取分钟数，可以使用 Duration.Minutes 函数。其用法如下：

=Duration.Minutes(持续时间)

例如，下面的公式得到分钟数 41：

= Duration.Minutes(#duration(5,3,41,18))

6.3.4 Duration.Seconds 函数：从持续时间中提取秒数

如果要从一个持续时间中提取秒数，可以使用 Duration.Seconds 函数。其用法如下：

=Duration.Seconds(持续时间)

例如，下面的公式得到秒数 18：

=Duration.Seconds(#duration(5,3,41,18))

6.3.5 综合应用案例：计算年龄和司龄

案例6-1

图 6-1 所示是员工基本信息表，要求计算每个员工的年龄和司龄。

建立基本查询，并把两个日期列"出生日期"和"入职时间"的数据类型设置为"日期"，如图 6-2 所示。

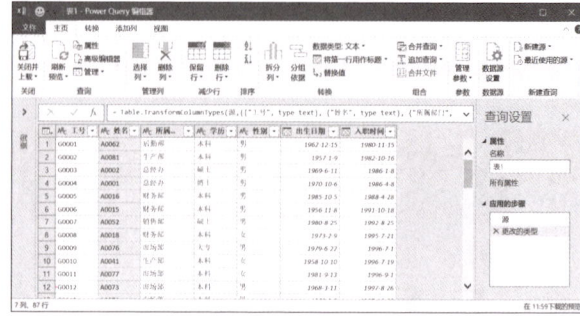

图6-1　员工基本信息表　　　　　　　　　　　图6-2　建立基本查询

添加自定义列"年龄"，计算公式如下，如图 6-3 所示。

`= Duration.Days((DateTime.Date(DateTime.LocalNow())-[出生日期])/365)`

这个公式将两个日期差得到的天数除以 365，即可得到一个类似于持续天数的数值，其左侧整数部分就是整数年，也就是年龄（周岁）数字。

图6-3　自定义列"年龄"

得到各个员工的年龄，如图 6-4 所示。

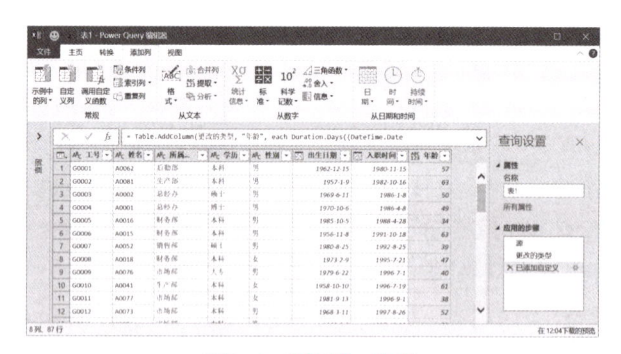

图6-4　算出员工年龄

添加自定义列"司龄"，计算公式如下：

`Duration.Days((DateTime.Date(DateTime.LocalNow())-[入职时间])/365)`

这样得到员工的司龄，如图 6-5 所示。

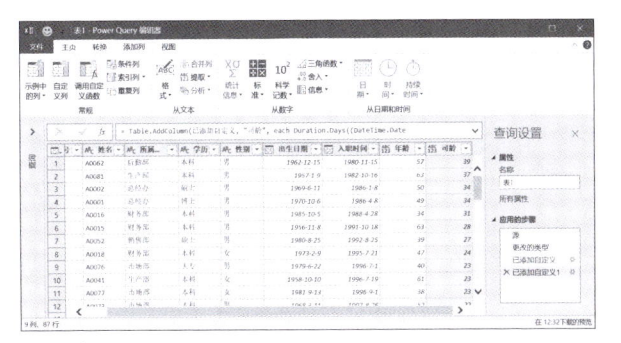

图6-5　算出司龄

6.3.6　综合应用案例：计算生产工人加工时间

案例6-2

图 6-6 所示是一张工人生产时间数据表，其中列出了生产工人加工每个零件的开始时间和结束时间，要求计算每个生产工人加工零件的实际天数、小时数和分钟数。

	A	B	C	D
1	工人	零件	开始时间	结束时间
2	A001	leu-4992	2020-4-7 19:45:54	2020-4-8 22:12:36
3	A006	udof02	2020-4-8 9:38:29	2020-4-8 12:12:1
4	A007	qorot0	2020-4-10 13:24:56	2020-4-11 18:35:49
5	A002	skt-3-19	2020-4-10 18:30:45	2020-4-12 6:35:13
6	A004	Piw0-11	2020-4-12 8:48:47	2020-4-13 11:0:9
7	A003	fktu-2-1	2020-4-14 14:12:36	2020-4-14 19:20:9
8	A005	R04045	2020-4-20 13:32:43	2020-4-20 21:59:13

图6-6　工人生产时间数据表

建立基本查询，如图 6-7 所示。

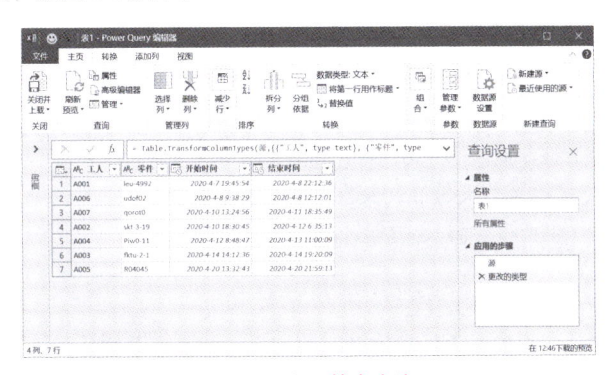

图6-7　建立基本查询

添加自定义列"生产时间"，得到每个工人加工每种零件的生产时间，公式如下：

```
=Text.Format("加工时间：#{0}天，#{1}小时，#{2}分钟",
              {Duration.Days([结束时间]-[开始时间]),
               Duration.Hours([结束时间]-[开始时间]),
               Duration.Minutes([结束时间]-[开始时间])})
```

添加自定义列，如图 6-8 所示。

133

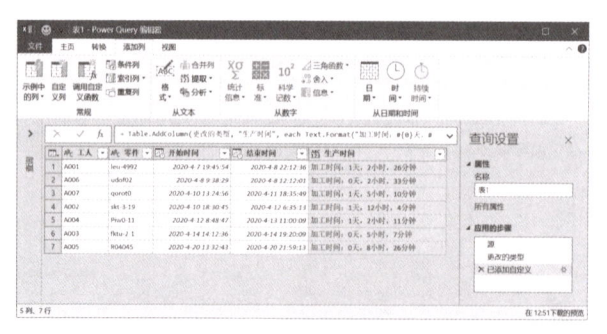

图6-8 每个工人加工每种零件的生产时间

导出数据，得到需要的生产工人加工时间报表，如图 6-9 所示。

图6-9 生产工人加工时间报表

6.4 计算总时间

如果要从一个持续时间中计算总时间，如总天数、总小时数、总分钟数、总秒数，可以使用以下函数：

- ◎ Duration.TotalDays
- ◎ Duration.TotalHours
- ◎ Duration.TotalMinutes
- ◎ Duration.TotalSeconds

6.4.1 Duration.TotalDays 函数：计算总天数

Duration.TotalDays 函数用于计算持续时间的总天数。其用法如下：

= Duration.TotalDays(持续时间)

例如，下面的公式得到总天数 5.1536805555555549 天：

= Duration.TotalDays(#duration(5,3,41,18))

6.4.2 Duration.TotalHours 函数：计算总小时数

Duration.TotalHours 函数用于计算持续时间的总小时数。其用法如下：

= Duration.TotalHours(持续时间)

例如，下面的公式得到总小时数 123.68833333333333 小时：

= Duration.TotalHours(#duration(5,3,41,18))

6.4.3 Duration.TotalMinutes 函数：计算总分钟数

Duration.TotalMinutes 函数用于计算持续时间的总分钟数。其用法如下：

= Duration.TotalMinutes(持续时间)

例如，下面的公式得到总分钟数 7421.3 分钟：

= Duration.TotalMinutes(#duration(5,3,41,18))

6.4.4　Duration.TotalSeconds 函数：计算总秒数

Duration.TotalSeconds 函数用于计算持续时间的总秒数。其用法如下：

= Duration.TotalSeconds(持续时间)

例如，下面的公式得到总秒数 445278 秒：

= Duration.TotalSeconds(#duration(5,3,41,18))

案例6-3

以案例 6-2 的数据为例，要计算加工总小时数，可以添加自定义列"加工总小时数"，自定义列公式如下：

= Duration.TotalHours([结束时间]-[开始时间])

添加自定义列，如图 6-10 所示。

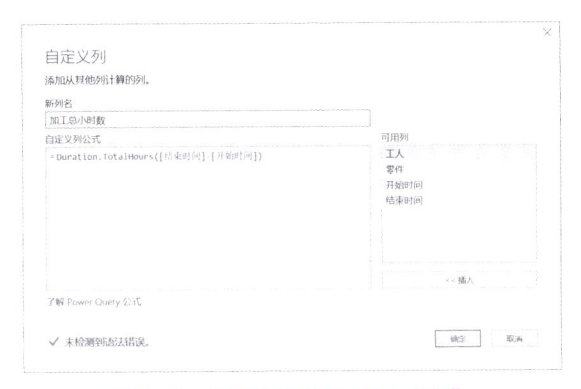

图6-10　自定义列"加工总小时数"

得到的零件加工总小时数如图 6-11 所示。

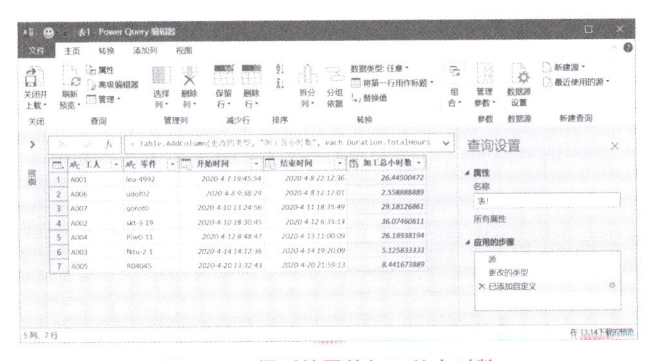

图6-11　得到的零件加工总小时数

第 7 章 数字函数及其应用

数字的处理各种各样，从基本计算，到数字类型设置，再到格式转换等，这些处理，既可以使用Power Query的相关菜单命令，也可以使用数字函数解决。

在Power Query中，数字函数大部分是以Number开头，也有以Int、Currency等开头。

7.1 获取数字常量

数学计算和数据分析中，会经常用到一些常量，Power Query 提供了这样的函数获取常量，举例如下。

Number.E 函数，就是返回 e 的值 2.7182818284590451。其用法如下：

```
= Number.E
```

Number.PI 函数，就是返回 π 的值 3.1415926535897931。其用法如下：

```
= Number.PI
```

7.2 数字格式设置

如果需要将数字按照指定格式转换为文本型数字，或者将文本型数字转换为数字，可以使用相关的函数。常用的数字格式设置函数有：

- Currency.From
- Decimal.From
- Single.From
- Double.From
- Int8.From
- Int16.From
- Int32.From
- Int64.From

7.2.1 Currency.From 函数：将数值或文本型数字转换为货币数字

Currency.From 函数用于将数值或文本型数字转换为货币数字。其用法如下：

```
= Currency.From ( 数值或文本型数字，区域选项，舍入方式 )
```

例如，下面的公式得到 183.587：

```
= Currency.From(183.5869649)
= Currency.From(183.5869649, RoundingMode.Down)
= Currency.From("183.5869649")
```

7.2.2 Decimal.From 函数：将数值或文本型数字转换为十进制数字

Decimal.From 函数用于将数值或文本型数字转换为十进制数字。其用法如下：

```
= Currency.From ( 数值或文本型数字，区域选项 )
```

例如，下面的公式得到 183.5869649：

= Decimal.From(183.5869649)

= Decimal.From("183.5869649")

7.2.3　Single.From 函数：将数值或文本型数字转换为单精度数字

Single.From 函数用于将数值或文本型数字转换为单精度数字。其用法如下：

=Single.From(数值或文本型数字，区域选项)

例如，下面的公式得到 183.5869649：

= Single.From(183.5869649)

下面的公式结果是 183.58695983886719：

= Single.From("183.5869649")

7.2.4　Double.From 函数：将数值或文本型数字转换为双精度数字

Double.From 函数用于将数值或文本型数字转换为双精度数字。其用法如下：

= Double.From(数值或文本型数字，区域选项)

例如，下面的公式得到 183.5869649：

= Double.From(183.5869649)

= Double.From("183.5869649")

7.2.5　Int 类函数：将数值或文本型数字转换为整数

有几个 Int 类函数可以用于将数值或文本型数字转换为整数，包括：

= Int8.From(数值或文本型数字，区域选项，舍入方式)

= Int16.From(数值或文本型数字，区域选项，舍入方式)

= Int32.From(数值或文本型数字，区域选项，舍入方式)

= Int64.From(数值或文本型数字，区域选项，舍入方式)

例如，下面的公式是 Int64.From 函数对数字 183.5869649 和文本型数字 "183.5869649" 的转换，结果均为 184：

= Int64.From(183.5869649)

= Int64.From("183.5869649")

下面的公式是 Int64.From 函数对数字 –183.5869649 和文本型数字 "–183.5869649" 的转换，结果均为 –184：

= Int64.From(-183.5869649)

= Int64.From("-183.5869649")

7.3　数字与文本的格式转换

如果要将数字转换为文本，或者将文本转换为数字，可以使用以下函数：

◎ Number.From　　　　　　　　◎ Number.FromText

◎ Number.ToText　　　　　　　◎ Percentage.From

7.3.1 Number.From 函数：将数值转换为数字

Number.From 函数用于将数值、文本型数字、逻辑值、日期、时间、可持续时间等转换为数字。其用法如下：

= Number.From (能够转换为数字的数值，区域选项)

下面是几个示例。

```
= Number.From(200.39)                                 // 结果是 200.39
= Number.From("200.39")                               // 结果是 200.39
= Number.From("12.74%")                               // 结果是 0.1274
= Number.From(true)                                   // 结果是 1
= Number.From(false)                                  // 结果是 0
= Number.From(Date.From("2020-4-9"))                  // 结果是 43930
= Number.From(DateTime.From("2020-4-9 14:23:47"))     // 结果是 43930.599849537037
= Number.From(Time.From("14:23:47"))                  // 结果是 0.599849537037037
= Number.From(#duration(12,5,23,56))                  // 结果是 12.224953703703
```

7.3.2 Number.FromText 函数：将文本转换为数字

Number.FromText 函数用于将文本型数字转换为数字。其用法如下：

= Number.From (能够转换为数字的文本，区域选项)

这里的文本必须是能够转换为数字的格式，例如 "15" "3,423.10" "5.0E-10" 等。

下面是几个示例。

```
= Number.FromText("200.39")                           // 结果是 200.39
= Number.FromText ("200.39e5")                        // 结果是 20039000
= Number.FromText ("200.39e-5")                       // 结果是 0.0020039
```

7.3.3 Number.ToText 函数：将数字转换为文本

Number.ToText 函数用于将数字转换为指定格式的文本。其用法如下：

=Number.ToText (数值，指定的格式，区域选项)

这里重点是格式的使用。下面是几个示例。

```
= Number.ToText(10389.68391)                          // 结果是 "10389.68391"
= Number.ToText(10389.68391,"f0")                     // 结果是 "10390"
= Number.ToText(10389.68391,"f3")                     // 结果是 "10389.684"
= Number.ToText(10389.68391,"n")                      // 结果是 "10,389.68"
= Number.ToText(10389.68391,"n0")                     // 结果是 "10,390"
= Number.ToText(0.68391,"p2")                         // 结果是 "68.39%"
= Number.ToText(0.68391,"p3")                         // 结果是 "68.391%"
```

下面是常用的格式代码及其含义。

◎ D 或 d：十进制，将结果格式化为整数。精度说明符控制输出中的位数。

◎ E 或 e：指数表示法。精度说明符控制最大小数位数（默认值为 6）。

◎ F 或 f：固定点，整数和小数位。

- G 或 g：常规，固定点或科学记数法的最简洁形式。
- N 或 n：数字，带组分隔符和小数分隔符的整数和小数位。
- P 或 p：百分比，乘以 100 并显示百分号的数字。
- R 或 r：往返，可往返转换同一数字的文本值。忽略精度说明符。
- X 或 x：十六进制，十六进制文本值。

7.3.4 Percentage.From 函数：将百分比文本转换为数字

Percentage.From 函数用于将百分比文本转换为数字。其用法如下：

```
=Percentage.From ( 将百分比文本字符 , 区域选项 )
```

例如，下面的公式就是将文本 "68.39%" 转换为小数 0.6839：

```
=Percentage.From("68.39%")
```

7.4 常见数学计算

对数字进行数学计算很常见，例如，取绝对值、开平方、求对数等。在企业数据统计分析中，常用的数学计算函数有：

- Number.Abs
- Number.IntegerDivide
- Number.Mod
- Number.Power
- Number.Sqrt

7.4.1 Number.Abs 函数：求绝对值

Number.Abs 函数用于计算绝对值。其用法如下：

```
= Number.Abs ( 数值 )
```

下面是几个示例：

```
=Number.Abs(100.38)          // 结果为 100.38
=Number.Abs(-100.38)         // 结果为 100.38
```

7.4.2 Number.IntegerDivide 函数：整除取商的整数部分

Number.IntegerDivide 函数用于两个数整除，得到商的整数部分。其用法如下：

```
= Number.IntegerDivide ( 被除数 , 除数 )
```

下面是几个示例：

```
= Number.IntegerDivide(100, 3)      // 结果为 33
= Number.IntegerDivide(-100, 3)     // 结果为 -33
= Number.IntegerDivide(100, -3)     // 结果为 -33
```

7.4.3 Number.Mod 函数：计算余数

Number.Mod 函数用于计算两个数相除的余数部分。其用法如下：

```
= Number.Mod ( 被除数 , 除数 )
```

下面是几个示例：

```
= Number.Mod(100, 3)        // 结果为 1
= Number.Mod(100, 5)        // 结果为 0
```

```
= Number.Mod(-100, 3)                         // 结果为 -1
= Number.Mod(-100, 2)                         // 结果为 0
= Number.Mod(100, -3)                         // 结果为 1
```

7.4.4　Number.Power 函数：计算乘幂

Number.Power 函数用于计算一个数字的几次方（乘幂）。其用法如下：

```
= Number.Power(基数, 指数)
```

下面是几个示例：

```
= Number.Power(2, 3)                          // 结果为 8
= Number.Power(2, -3)                         // 结果为 0.125
```

7.4.5　Number.Sqrt 函数：计算平方根

Number.Sqrt 函数用于对一个数字开平方。其用法如下：

```
= Number.Sqrt(数字)
```

例如，下面公式的结果是 1.4142135623730951：

```
= Number.Sqrt(2)
```

7.5　数值修约

对数字进行四舍五入的常用函数有：

- Number.Round
- Number.RoundUp
- Number.RoundDown
- Number.RoundTowardZero
- Number.RoundAwayFromZero

7.5.1　Number.Round 函数：常规的四舍五入

Number.Round 函数用于常规的四舍五入，类似于 Excel 中的 ROUND 函数。其用法如下：

```
= Number.Round(数字, 保留的小数点, 舍入方向)
```

下面是几个例子：

```
= Number.Round(258.5859)                                  // 结果为 259
= Number.Round(-258.5859)                                 // 结果为 -259
= Number.Round(258.5859,2)                                // 结果为 258.59
= Number.Round(-258.5859,2)                               // 结果为 -258.59
= Number.Round(258.5859,2,RoundingMode.Up)                // 结果为 258.59
= Number.Round(258.5859,2,RoundingMode.Down)              // 结果为 258.59
```

7.5.2　Number.RoundUp 函数：向上舍入

Number.RoundUp 函数用于对数值向上舍入，也就是返回大于或等于数值的最小数值，类似于 Excel 中的 ROUNDUP 函数。其用法如下：

```
= Number.RoundUp(数字, 保留的小数点)
```

下面是几个例子。

```
=Number.RoundUp(258.2819)              //结果为 259
=Number.RoundUp(-258.2819)             //结果为 -258
=Number.RoundUp(258.2819,2)            //结果为 258.29
=Number.RoundUp(-258.2819,2)           //结果为 -258.28
```

7.5.3　Number.RoundDown 函数：向下舍入

Number.RoundDown 函数用于对数值向下舍入，也就是返回小于或等于数值的最大数值，类似于 Excel 里的 ROUNDDOWN 函数。其用法如下：

```
= Number.RoundDown ( 数字 , 保留的小数点 )
```

下面是几个例子。

```
=Number.RoundDown(258.2819)            //结果为 258
=Number.RoundDown(-258.2819)           //结果为 -259
=Number.RoundDown(258.2819,2)          //结果为 258.28
=Number.RoundDown(-258.2819,2)         //结果为 -258.29
```

7.5.4　Number.RoundTowardZero 函数：向靠近零的方向舍入

Number.RoundTowardZero 函数用于对数值向零舍入，也就是说，如果是正数，向下舍入；如果是负数，向上舍入。其用法如下：

```
= Number.RoundTowardZero ( 数字 , 保留的小数点 )
```

下面是几个例子。

```
= Number.RoundTowardZero(258.2819)     //结果为 258
= Number.RoundTowardZero(-258.2819)    //结果为 -258
= Number.RoundTowardZero(258.2819,2)   //结果为 258.28
= Number.RoundTowardZero(-258.2819,2)  //结果为 -258.28
```

7.5.5　Number.RoundAwayFromZero 函数：向离开零的方向舍入

Number.RoundAwayFromZero 函数用于对数值向离开零的方向舍入，也就是说，如果是正数，向上舍入；如果是负数，向下舍入。其用法如下：

```
= Number.RoundAwayFromZero ( 数字 , 保留的小数点 )
```

下面是几个例子。

```
= Number.RoundAwayFromZero(258.2819)    //结果为 259
= Number.RoundAwayFromZero(-258.2819)   //结果为 -259
= Number.RoundAwayFromZero(258.2819,2)  //结果为 258.29
= Number.RoundAwayFromZero(-258.2819,2) //结果为 -258.29
```

7.5.6　舍入方向的几个常量

在舍入函数中，有的函数会有舍入方向的可选参数，这个参数可以是以下常量。

- RoundingMode.Up：向上舍入。
- RoundingMode.Down：向下舍入。
- RoundingMode.TowardZero：向零的方向舍入。

- RoundingMode.AwayFromZero：向离开零的方向舍入。
- RoundingMode.ToEven：向偶数方向舍入。

7.6 数字的奇偶判断

数字有奇偶，如何判断一个数字是奇数还是偶数？例如，实际工作中，需要从身份证号码中提取性别，此时，就需要对数字进行奇偶判断。用于奇偶判断的函数有：

- Number.IsEven
- Number.IsOdd

7.6.1 Number.IsEven 函数：判断是否为偶数

Number.IsEven 函数用于判断数字是否为偶数，如果是，结果就是 true；否则，结果就是 false。该函数类似于 Excel 里的 ISEVEN 函数。其用法如下：

```
= Number.IsEven( 数字 )
```

例如，下面的公式结果是 true：

```
= Number.IsEven(280)
```

下面的公式结果是 false：

```
= Number.IsEven(281)
```

7.6.2 Number.IsOdd 函数：判断是否为奇数

Number.IsOdd 函数用于判断数字是否为奇数，如果是，结果就是 true；否则，结果就是 false。该函数类似于 Excel 里的 ISODD 函数。其用法如下：

```
= Number.IsOdd( 数字 )
```

例如，下面的公式结果是 true：

```
= Number.IsOdd(281)
```

下面的公式结果是 false：

```
= Number.IsOdd (280)
```

7.6.3 综合应用案例：从身份证号码中提取性别

案例7-1

图 7-1 所示是一张员工基本信息表，现在要求从身份证号码中提取性别。

	A	B	C	D
1	姓名	所属部门	学历	身份证号码
2	A0062	后勤部	本科	421122196212152153
3	A0081	生产部	本科	110108195701095755
4	A0002	总经办	硕士	131182196906114415
5	A0001	总经办	博士	320504197010062010
6	A0016	财务部	本科	431124198510053836
7	A0015	财务部	本科	320923195611081635
8	A0052	销售部	硕士	320924198008252511
9	A0018	财务部	本科	320684197302090066
10	A0076	市场部	大专	110108197906221075
11	A0041	生产部	本科	371482195810102648
12	A0077	市场部	本科	110108198109131 62X
13	A0073	市场部	本科	420625196803112037

图7-1 员工基本信息表

142

建立基本查询，如图 7-2 所示。

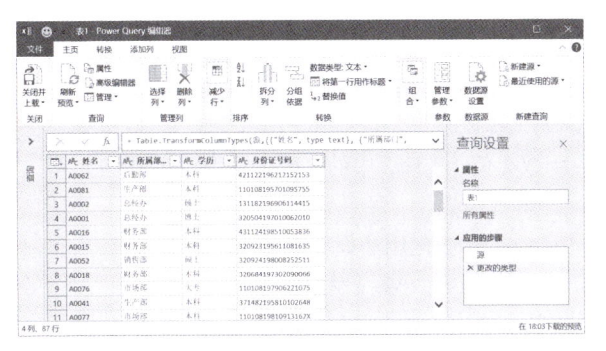

图7-2　建立基本查询

添加自定义列"性别"，公式如下：

= if Number.IsEven(Number.From(Text.Middle([身份证号码],16,1))) then "女" else "男"

或者

= if Number.IsOdd(Number.From(Text.Middle([身份证号码],16,1))) then "男" else "女"

添加自定义列，如图 7-3 所示。

图7-3　自定义列"性别"

得到的性别判断结果如图 7-4 所示。

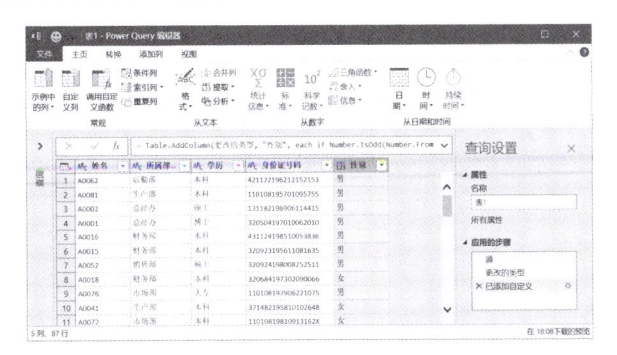

图7-4　得到的性别判断结果

143

7.7 用于模拟数据的随机数

如果要模拟数据进行计算，可以使用以下函数生成随机数。

◎ Number.Random 函数：返回介于 0~1 的随机小数。

◎ Number.RandomBetween 函数：返回两个给定数值之间的一个随机数。

Number.Random 函数类似于 Excel 中的 RAND 函数。其用法如下：

= Number.Random()

Number.RandomBetween 函数的用法如下：

= Number.RandomBetween(小数,大数)

例如，下面的公式就是产生 1~1000 的随机数：

= Number.RandomBetween(1, 1000)

与 Excel 中的 RANDBETWEEN 函数不同的是，RANDBETWEEN 函数返回的是整数，而 Number.RandomBetween 函数返回的是带小数点的数字。

第 8 章
列表函数及其应用

列表函数有很多，用来处理列表数据。在企业数据整理和基本计算中，常见的数据处理使用菜单命令即可完成，例如删除重复值、提取列表等。但在有些情况下，则需要使用相关的列表函数进行处理。本章介绍几个常用的列表函数及其应用。

8.1 统计计算

如果要对一个列表进行统计计算，例如计数、求和、求平均值、求最大值、求最小值、求中位数等，可以使用以下函数：

- List.Count
- List.Sum
- List.Average
- List.Max
- List.Min
- List.Median

8.1.1 List.Count 函数：对列表的项计数

List.Count 函数用于统计指定列表中项的个数，结果是一个数字。其用法如下：

=List.Count(列表)

例如，下面的公式结果是 7：

= List.Count({294,385,199,18,100,2,6})

下面的公式结果是 5：

= List.Count({"aa","AA","DSB","QQ","ABC"})

8.1.2 List.Sum 函数：对列表的项求和

List.Sum 函数用于统计指定列表中项的合计数。其用法如下：

= List.Sum(列表,可选精度选项)

例如，下面的公式结果是 1004：

= List.Sum({294,385,199,18,100,2,6})

而下面的公式就会出现错误，因为文本无法求和：

= List.Sum({"aa","AA","DSB","QQ","ABC"})

8.1.3 List.Average 函数：对列表的项求平均值

List.Average 函数用于计算指定列表中项的平均值。其用法如下：

= List.Average(列表,可选精度选项)

例如，下面公式的结果是 143.42857142857142：

= List.Average({294,385,199,18,100,2,6})

8.1.4　List.Max 函数：对列表的项求最大值

List.Max 函数用于计算指定列表中项的最大值。其用法如下：

= List.Max (列表，列表为空的默认值，相反性的排序比较方式，返回值是否包含空值)

例如，下面公式的结果是 385：

= List.Max({294,385,199,18,100,2,6})

8.1.5　List.Min 函数：对列表的项求最小值

List.Min 函数用于计算指定列表中项的最小值。其用法如下：

= List.Min (列表，列表为空的默认值，相反性的排序比较方式，返回值是否包含空值)

例如，下面公式的结果是 2：

= List.Min({294,385,199,18,100,2,6})

8.1.6　List.Median 函数：对列表的项求中位数

List.Median 函数用于计算指定列表中项的中位数。其用法如下：

= List.Median (列表，可选比较条件)

例如，下面公式的结果是 100：

= List.Median({294,385,199,18,100,2,6})

8.1.7　综合应用案例：对含有 null 的列表求和

案例8-1

图 8-1 所示是各个部门的各种费用数据，是一张已经完成的查询表，现在要在右侧插入一列，计算各种费用的合计数。

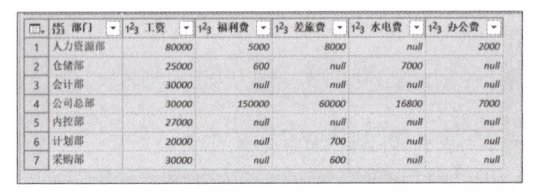

图8-1　各个部门的各种费用数据

如果直接添加一个自定义列"合计"，利用直接相加的方法，如图 8-2 所示，就会得到错误的结果，如图 8-3 所示。因为数字和 null 相加的结果是 null。

图8-2　直接相加

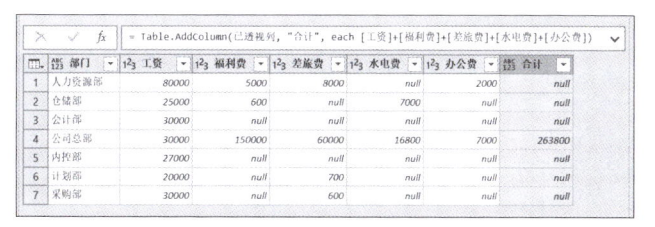

图8-3　错误结果

此时，需要使用 List.Sum 函数。添加自定义列"合计"，自定义列公式如图 8-4 所示。得到的正确结果如图 8-5 所示。

图8-4　使用List.Sum函数求和

图8-5　得到正确结果

8.1.8　综合应用案例：计算加班时间

案例8-2

图 8-6 所示是某月员工考勤记录表。现在要求计算每个员工的加班时间，规则如下。
（1）工作日：18:30 以后为加班时间。
（2）双休日：8:30 — 12:00， 13:30 — 17:30，以及 18:30 以后，均算加班时间。
（3）加班时间不满半小时不计，满半小时不满一小时按半小时计。
（4）公司正常出勤时间是 8:30 — 12:00， 13:00 — 17:30。
建立基本查询，如图 8-7 所示。

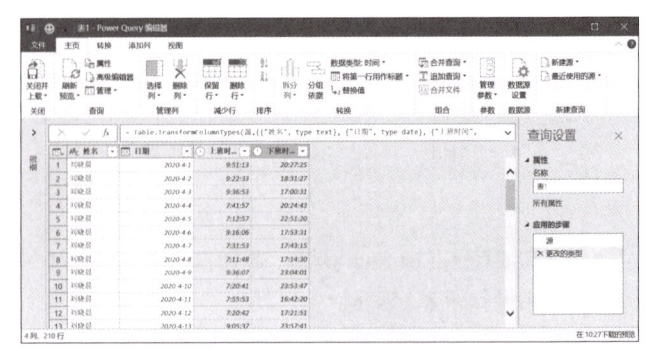

图8-6 员工考勤记录表   图8-7 建立基本查询

添加一个自定义列"星期"，获取每个日期对应的星期几数字，便于以后进行判断处理，其公式如下：

= Date.DayOfWeek([日期],Day.Sunday)

添加自定义列，如图8-8所示。

图8-8 自定义列"星期"

得到代表星期几的数字，如图8-9所示。这里，以星期日作为一周的第一天，是数字0，星期一是一周的第二天，是数字1，以此类推。

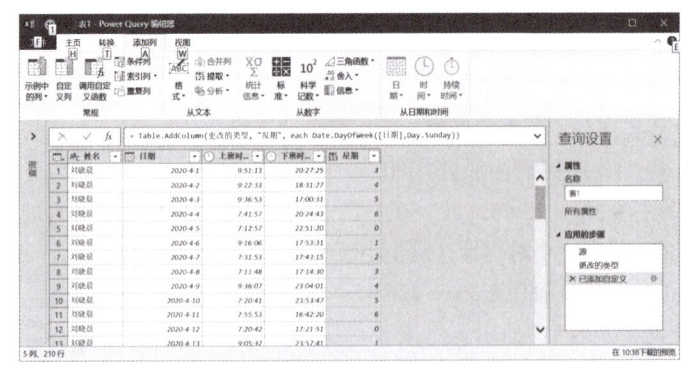

图8-9 得到代表星期几的数字

添加自定义列"工作日加班时间"，计算公式如下：
```
if [星期]>=1 and [星期]<=5 then
    Number.RoundDown(
    List.Max({Duration.TotalHours([下班时间]-#time(18,30,0)),0})
    *2,0)/2
else 0
```
添加自定义列，如图8-10所示。

图8-10 自定义列"工作日加班时间"

如果要按照前面的加班规则计算周末的加班时间，非常麻烦。不过，可以通过分段计算的方法简化计算。

（1）计算上午加班时间，8:30—12:00 为上班时间。
- 如果是 8:30 以前上班的，就按 8:30 计算开始时间；如果是 8:30 以后上班的，就按实际时间计算开始时间。
- 如果是 12:00 之前下班的，就按实际时间计算结束时间；如果是 12:00 以后下班的，就按 12:00 计算结束时间。

（2）计算下午加班时间，以 13:30—17:30 为实际上班时间。
- 开始时间按 13:30 计算。
- 结束时间按 17:30 与实际下班时间的最小时间计算。

（3）计算晚上加班时间，以 18:30 开始。
- 开始时间按 18:30 计算。
- 结束时间以实际时间计算。

这样，可以分别计算出上午、下午和晚上的加班时间，三个时间相加，就是周末加班时间。
添加自定义列"周末加班时间"，计算公式如下：
```
if [星期]>=1 and [星期]<=5 then 0 else
Number.RoundDown((
    Duration.TotalHours(#time(12,0,0)-List.Max({[上班时间],#time(8,30,0)}))
+Duration.TotalHours(List.Min({[下班时间],#time(17,30,0)})-#time(13,30,0))
+Duration.TotalHours(List.Max({[下班时间],#time(18,30,0)})-#time(18,30,0))
)*2,0)/2
```

添加自定义列，如图 8-11 所示。

图8-11 自定义列"周末加班时间"

这个公式的核心是三个时间的相加。

上午加班时间：

Duration.TotalHours(#time(12,0,0)-List.Max({[上班时间],#time(8,30,0)}))

下午加班时间：

Duration.TotalHours(List.Min({[下班时间],#time(17,30,0)})-#time(13,30,0))

晚上加班时间：

Duration.TotalHours(List.Max({[下班时间],#time(18,30,0)})-#time(18,30,0))

这样得到每个人的周末加班时间，如图 8-12 所示。

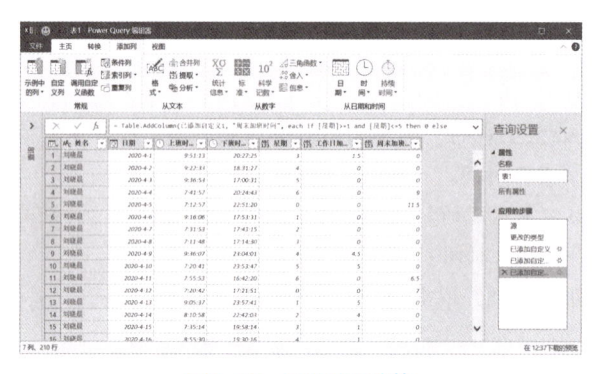

图8-12 加班时间计算

再添加一个自定义列"加班总时间"，自定义列公式如下：

=List.Sum({[工作日加班时间],[周末加班时间]})

添加自定义列，如图 8-13 所示。

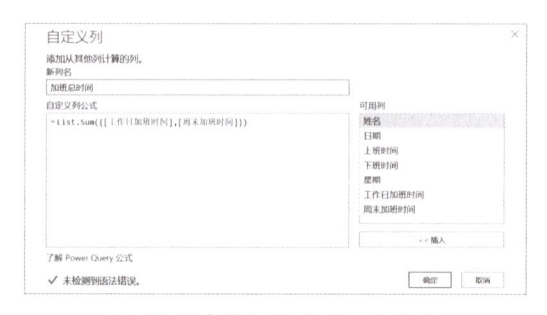

图8-13 自定义列"加班总时间"

加班时间最终计算结果如图 8-14 所示。

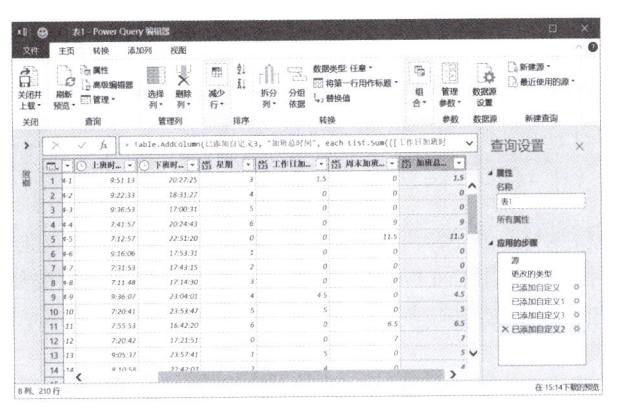

图8-14　加班时间最终计算结果

对每个人进行分组，计算加班时间的合计数，如图 8-15 所示。

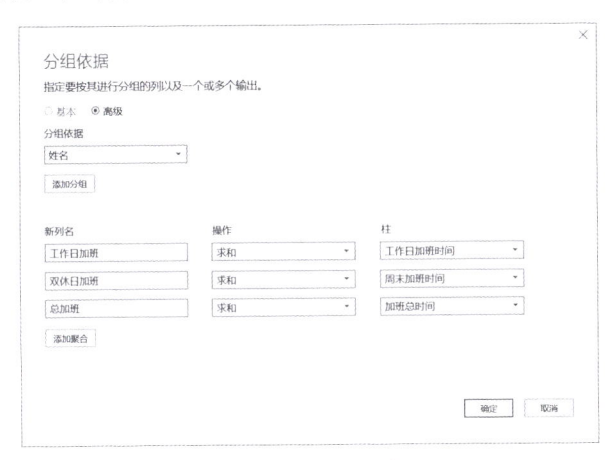

图8-15　分组计算

就得到如图 8-16 所示的每个人在这个月的加班时间统计表。

将数据导出 Excel，即可得到如图 8-17 所示的员工加班统计报表。

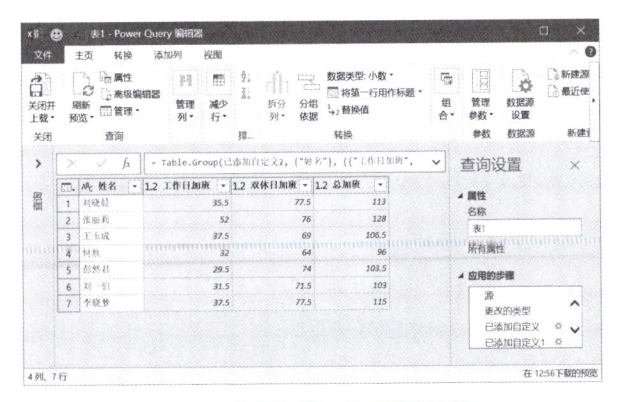

图8-16　每个人的加班时间统计表

图8-17　员工加班统计报表

151

8.2 提取前/后N个数据和前N大/小数据

当需要从一组数中，提取前 N 个、后 N 个、前 N 大、前 N 小数据时，可以使用以下函数：

◎ List.FirstN   ◎ List.LastN
◎ List.MaxN   ◎ List.MinN

8.2.1 List.FirstN 函数：从头提取 N 个数据

提取前 N 个数据可以使用 List.First 函数和 List.FirstN 函数。其用法如下：

=List.FirstN(列表,个数或条件)

下面的公式结果是 55：

= List.First({55,385,199,18,100,2,6})

下面的公式结果是 {55,385,199}：

= List.FirstN({55,385,199,18,100,2,6},3)

下面的公式结果是 {155,385,199,180}：

= List.FirstN({155,385,199,180,100,2,6},each _ >100)

8.2.2 List.LastN 函数：从尾提取 N 个数据

提取最后的 N 个数据可以使用 List.Last 函数和 List.LastN 函数。其用法如下：

=List. List.LastN(列表,个数或条件)

下面的公式结果是 6：

= List.Last({55,385,199,18,100,2,6})

下面的公式结果是 {100,2,6}：

= List.LastN({55,385,199,18,100,2,6},3)

下面的公式结果是 {199,180,100,2,6}：

= List.LastN({155,385,199,180,100,2,6},each _<=200)

8.2.3 List. MaxN 函数：提取最大的 N 个数据

提取最大的 N 个数据可以使用 List. MaxN 函数。其用法如下：

=List.MaxN(列表,个数或条件,排序方式,是否忽略空值)

下面的公式结果是 {500,385,199}：

= List.MaxN({55,385,199,18,500,2,6},3)

下面的公式结果是 {500,385}：

= List.MaxN({55,385,199,18,500,2,6},each _>200)

8.2.4 List. MinN 函数：提取最小的 N 个数据

提取最小的 N 个数据可以使用 List. MinN 函数。其用法如下：

=List.MinN(列表,个数或条件,排序方式,是否忽略空值)

下面的公式结果是 {2,6,18}：

= List.MinN({55,385,199,18,500,2,6},3)

下面的公式结果是 {2,6,18,55,199}：

```
= List.MinN({55,385,199,18,500,2,6},each _< 200)
```

8.3 List.Sort函数：数据排序

当需要对数据进行排序时，既可以使用前面介绍的 List.MaxN 函数和 List.MinN 函数，也可以使用 List.Sort 函数。其用法如下：

=List.Sort(列表,排序方式)

例如，下面的公式结果是 {2,6,18,55,199,385,500}，默认为升序排序：

```
= List.Sort({55,385,199,18,500,2,6}, Order.Ascending)
```

或者：

```
= List.Sort({55,385,199,18,500,2,6})
```

下面的公式结果是 {500,385,199,55,18,6,2}，指定降序排序：

```
= List.Sort({55,385,199,18,500,2,6}, Order.Descending )
```

8.4 List.FindText函数：查找数据

如果要从列表中查找指定数据，或者包含指定的数据，可以使用 List.FindText 函数。其用法如下：

= List.FindText(列表,文本)

例如，下面的公式结果是 {"A","BA","AB"}：

```
= List.FindText({"A","BA","C","D","AB","E"},"A")
```

8.5 两个表格对比

当需要对两个表格进行对比，以便找出两个表格的差异时，可以使用以下函数：

◎ List.Difference　　　　　　　◎ List.Intersect

8.5.1　List.Difference 函数：查找一个表在另一个表中未出现的项

List.Difference 函数用于查找列表 1 在列表 2 中未出现的项。其用法如下：

= List.Difference(列表1,列表2,可选的相等条件值)

例如，下面的公式结果是 {1,8,9}，也就是说，列表 1 中的 1、8 和 9 没有在列表 2 中出现：

```
= List.Difference({1,8,2,3,5,6,9},{5,2,3,6,10})
```

8.5.2　List.Intersect 函数：查找几个表都有的项

List.Intersect 函数用于查找几个表都有的项，也就是几个表的交集。其用法如下：

= List.Difference({列表1、 列表2、 列表3…列表n},可选的相等条件值)

例如，下面的公式结果是 {2,3,5}，也就是 2、 3 和 5 在三个列表中都存在：

```
= List.Intersect({{1,8,2,3,5,6,9},{5,2,3,6,10},{2,4,8,3,5}})
```

8.5.3 综合应用案例：寻找新增客户、流失客户和存量客户

案例8-3

图 8-18 所示是去年和今年的客户名单，现在要对比这两个表，寻找哪些是新增客户，哪些是流失客户，哪些是存量客户。

分别单击两个客户名称列，然后执行"插入"→"表格"命令，将两列数据变成表格，然后将两个表格分别重命名为"去年"和"今年"，如图 8-19 所示。

图8-18　两年客户名单

图8-19　"插入"→"表格"命令

新建一个空白查询，重命名为"流失客户"，打开"高级编辑器"对话框，然后输入下面的代码：

```
let
    去年客户 = Excel.CurrentWorkbook(){[Name="去年"]}[Content],
    今年客户 = Excel.CurrentWorkbook(){[Name="今年"]}[Content],
    List1 = Table.ToList(去年客户),
    List2 = Table.ToList(今年客户),
    流失客户 = List.Difference(List1, List2)
in
    流失客户
```

输入代码，如图 8-20 所示。

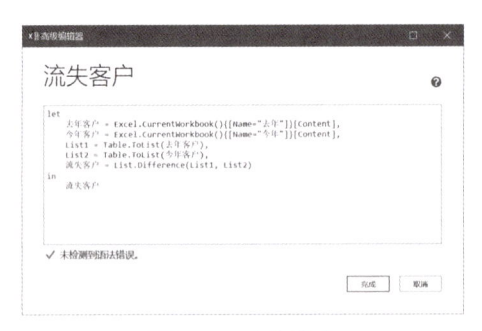

图8-20　流失客户

将"流失客户"查询复制一份，重命名为"新增客户"，代码修改如下：

```
let
    去年客户 = Excel.CurrentWorkbook(){[Name="去年"]}[Content],
    今年客户 = Excel.CurrentWorkbook(){[Name="今年"]}[Content],
    List1 = Table.ToList(去年客户),
    List2 = Table.ToList(今年客户),
    新增客户 = List.Difference(List2, List1)
in
    新增客户
```

修改代码，如图 8-21 所示。

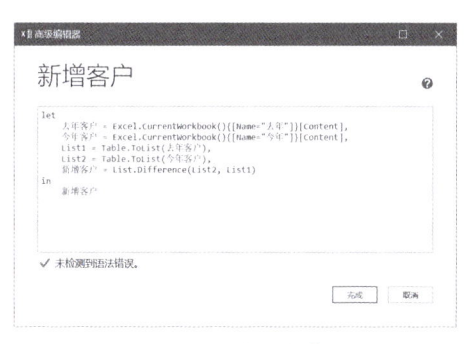

图8-21　新增客户

将"流失客户"查询再复制一份，重命名为"存量客户"，代码修改如下：

```
let
    去年客户 = Excel.CurrentWorkbook(){[Name="去年"]}[Content],
    今年客户 = Excel.CurrentWorkbook(){[Name="今年"]}[Content],
    List1 = Table.ToList(去年客户),
    List2 = Table.ToList(今年客户),
    存量客户 = List.Intersect({List1, List2})
in
    存量客户
```

修改代码，如图 8-22 所示。

图8-22　存量客户

最后分别将上述三组查询数据导入同一张工作表中（先上载为链接，然后分别加载数据），得到如图 8-23 所示的客户流动分析报告。

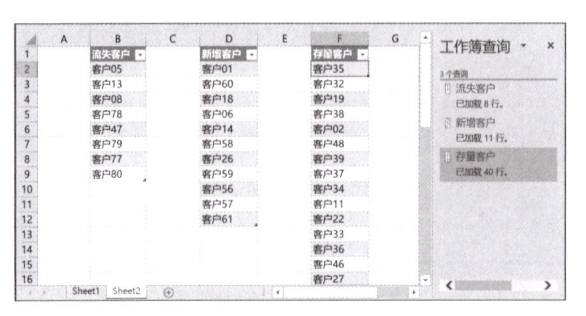

图8-23　客户流动分析报告

8.6　List.Distinct函数：获取不重复数据清单

List.Distinct 函数用于获取不重复数据清单，也就是删除重复项，保留唯一项。其用法如下：

=List.Distinct（列表，可选的相等条件值）

例如，下面公式的结果是 {22,40,10,20,9}：

= List.Distinct({22,40,10,20,22,10,22,20,9})

案例8-4

图 8-24 所示是一张销售明细表，现要求从 A 列客户简称中，提取不重复客户名称，保存到另一张工作表，要求这个客户名称列表与源数据自动链接更新。

图8-24　销售明细表

首先将这个销售明细表建立表格，并重命名为"今年"。

建立一个空白查询，打开"高级编辑器"对话框，输入代码如下：

```
let
    源 = Excel.CurrentWorkbook(){[Name="今年"]}[Content],
    客户 =Table.SelectColumns(源,"客户简称"),
    List1 = Table.ToList(客户),
    客户列表 = List.Distinct(List1),
    转换为表 = Table.FromList(客户列表, null, {"客户名称"})
in
```

转换为表

输入代码，如图 8-25 所示。

这样得到不重复客户名称列表，如图 8-26 所示。

```
let
    源 = Excel.CurrentWorkbook(){[Name="今年"]}[Content],
    客户=Table.SelectColumns(源,"客户简称"),
    List1 = Table.ToList(客户),
    客户列表 = List.Distinct(List1),
    转换为表 = Table.FromList(客户列表, null, {"客户名称"})
in
    转换为表
```

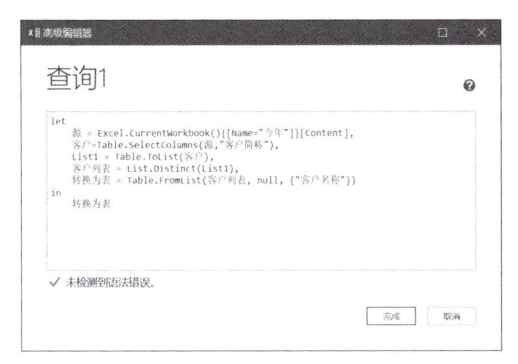

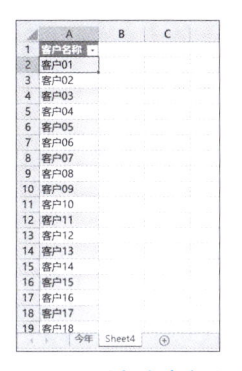

图8-25　建立查询　　　　　图8-26　不重复客户名称列表

第 9 章 表函数及其应用

表函数有很多，基本上是以Table开头，用来处理表数据，例如，添加列、删除列、合并列、拆分列、筛选前N个/后N个记录、填充数据等。在企业数据整理和基本计算中，既可以使用菜单命令，也可以使用相关的表函数实现表处理。

9.1 获取表的信息

如果需要了解表的一些基本信息，例如有多少列，列名是什么，有多少行，某个记录是否存在等，可以使用以下函数：

- Table.ColumnCount
- Table.ColumnNames
- Table.HasColumns
- Table.RowCount
- Table.MatchesAllRows
- Table.MatchesAnyRows

9.1.1 获取表的列数和列名

获取表的列信息可以使用以下函数：

- Table.ColumnCount
- Table.ColumnNames
- Table.HasColumns

1. Table.ColumnCount 函数

Table.ColumnCount 函数用于获取表的列数。其用法如下：

```
= Table.ColumnCount(表)
```

2. Table.ColumnNames 函数

Table.ColumnNames 函数用于获取表的各列的列名。其用法如下：

```
= Table.ColumnNames(表)
```

3. Table.HasColumns 函数

Table.HasColumns 函数用于判断表是否有指定的列，如果有，结果是 true；如果没有，结果是 false。其用法如下：

```
= Table.HasColumns(表,指定列名)
```

案例9-1

图 9-1 所示是一组示例数据，打开"高级编辑器"，编写如下 M 公式代码，获取列名，如图 9-2 所示。

```
let
```

```
源 = Excel.CurrentWorkbook(){[Name="表1"]}[Content],
列名 = Table.ColumnNames(源)
in
    列名
```

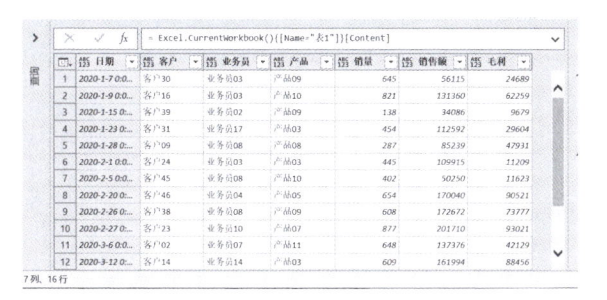

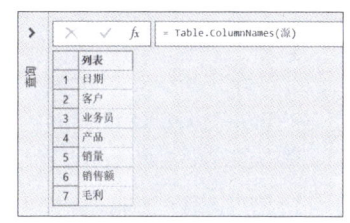

图9-1　示例数据　　　　　　　　　　　　图9-2　获取列名

下面的公式结果是 true，也就是该表有"日期"列和"客户"列：

`= Table.HasColumns(源,{"日期","客户"})`

下面的公式结果是 false，也就是该表没有"毛利率"列：

`= Table.HasColumns(源,"毛利率")`

9.1.2　获取表的行数

如果要了解表有多少行，某行数据是否存在等，可以使用以下函数：

- Table.RowCount
- Table.MatchesAllRows
- Table.MatchesAnyRows

1. Table.RowCount 函数

Table.RowCount 函数是获取表的总行数。其用法如下：

`= Table.RowCount(表)`

例如，对如图 9-1 所示的表，下面的公式结果是 16，也就是表有 16 行（标题不算）：

`= Table.RowCount(源)`

2. Table.MatchesAllRows 函数

Table.MatchesAllRows 函数是检查表的所有行是否满足指定条件。其用法如下：

`= Table.MatchesAllRows(表,条件)`

例如，对如图 9-1 所示的表，下面的公式结果是 true，也就是销售额大于 22000 的记录是存在的：

`= Table.MatchesAllRows(源,each [销售额]>22000)`

下面的公式结果是 false，也就是销售额大于 50000 的记录不存在：

`= Table.MatchesAllRows(源,each [销售额]>50000)`

3. Table.MatchesAnyRows 函数

Table.MatchesAnyRows 函数是检查表的任意行是否满足指定条件。其用法如下：

`= Table.MatchesAnyRows(表,任意匹配条件)`

例如，下面的公式结果是 false：

```
= Table.MatchesAnyRows(源, each _ = [客户="客户30",产品="产品02"])
```

9.2 操作列

如果要在表中添加列、删除列、修改列名称、调整列的位置等，既可以使用菜单命令，也可以使用以下函数：

- ◎ Table.AddIndexColumn
- ◎ Table.AddColumn
- ◎ Table.RemoveColumns
- ◎ Table.SelectColumns
- ◎ Table.RenameColumns
- ◎ Table.ReorderColumns
- ◎ Table.SplitColumn
- ◎ Table.CombineColumns
- ◎ Table.DuplicateColumn

9.2.1 Table.AddIndexColumn 函数：添加索引列

Table.AddIndexColumn 函数用于为表添加索引列。其用法如下：

```
= Table.AddIndexColumn(表,新列名,初始索引值,索引值增量)
```

例如，图 9-3 所示是一张原始表，现在要在表前面添加一个从 1 开始的“排名”序号列，则 M 公式代码如下，结果如图 9-4 所示。

```
let
    源 = Excel.CurrentWorkbook(){[Name="表1"]}[Content],
    排名序号 = Table.AddIndexColumn(源,"排名",1,1),
    移动= Table.ReorderColumns(排名序号,{"排名", "客户", "销售额"})
in
    移动
```

	客户	销售额
1	客户03	10951
2	客户08	8328
3	客户04	3163
4	客户02	2916
5	客户05	1360
6	客户07	1151
7	客户01	1005
8	客户06	928
9	客户09	621

图9-3　原始表

	排名	客户	销售额
1	1	客户03	10951
2	2	客户08	8328
3	3	客户04	3163
4	4	客户02	2916
5	5	客户05	1360
6	6	客户07	1151
7	7	客户01	1005
8	8	客户06	928
9	9	客户09	621

图9-4　添加序号列后的表

9.2.2 Table.AddColumn 函数：添加自定义列

Table.AddColumn 函数用于在表中添加自定义列。其用法如下：

```
= Table.AddColumn(表, 新列名, 计算表达式, 数据类型)
```

案例9-2

图 9-5 所示是一张原始的销售数据表，现在要在表中添加一列“毛利”。

建立查询，打开“高级编辑器”对话框，将 M 公式代码修改如下：

```
let
```

```
    源 = Excel.CurrentWorkbook(){[Name="表1"]}[Content],
    更改的类型 = Table.TransformColumnTypes(源,{{"日期", type date}}),
    毛利 =Table.AddColumn(更改的类型,"毛利",each [销售额]-[销售成本])
in
    毛利
```

修改代码，如图 9-6 所示。

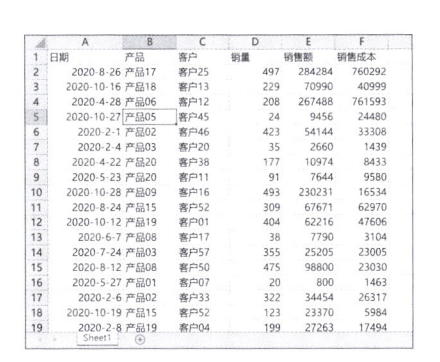

图9-5 销售原始数据表

图9-6 M公式代码

这样得到如图 9-7 所示的结果。

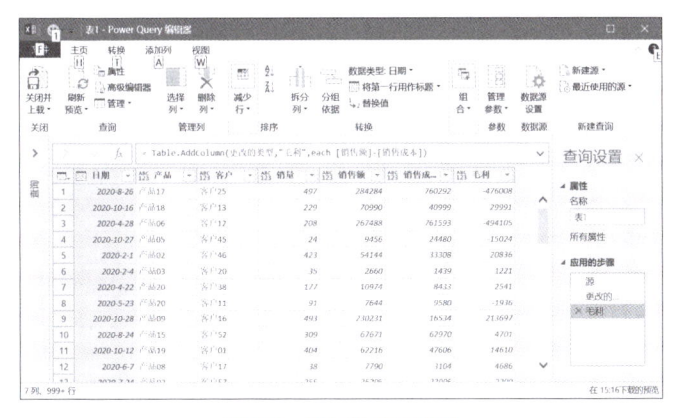

图9-7 添加的自定义列

案例9-3

图 9-8 所示是一张产品数据表，要求一次性在表中添加多个自定义列，包括单价、单位成本、毛利、毛利率。

建立查询，打开"高级编辑器"对话框，将 M 公式代码修改如下：

```
let
    源 = Excel.CurrentWorkbook(){[Name="表1"]}[Content],
    单价 = Table.AddColumn(源, "单价", each Number.Round([销售额]/[销量],4)),
    单位成本 = Table.AddColumn(单价, "单位成本", each Number.Round([销售额]/[销量],4)),
```

```
    毛利 = Table.AddColumn(单位成本，"毛利"，each Number.Round([销售额]-[销售成本],0)),
    毛利率 = Table.AddColumn(毛利，"毛利率"，each Number.Round([毛利]/[销售额],4), Percentage.Type)
in
    毛利率
```

修改代码，如图9-9所示。

图9-8 产品数据表

图9-9 M公式代码

得到结果，如图9-10所示。

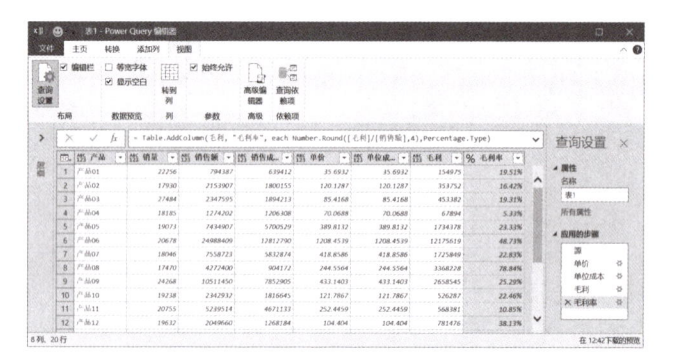

图9-10 一次性添加多个自定义列

9.2.3 Table.RemoveColumns函数：删除列

Table.RemoveColumns函数用于删除表的一列或多列。其用法如下：

```
=Table.RemoveColumns(表，要删除的列集，列不存在时的处理)
```

案例9-4

图9-11所示是一组示例数据，要求先删除"地区编码"和"产品编码"列，然后填充"地区"列，最后再添加一个"销售额本币"新列，汇率假定为7.0123。

建立查询，打开"高级编辑器"对话框，将M公式代码修改如下：

```
let
```

162

```
    源 = Excel.CurrentWorkbook(){[Name="表1"]}[Content],
    删除列 = Table.RemoveColumns(源, {"地区编码","产品编码"}),
    填充 = Table.FillDown(删除列, {"地区"}),
    添加列 = Table.AddColumn(填充, "销售额外币", each [销售额本币]/7.0123)
in
    添加列
```

修改代码，如图 9-12 所示。

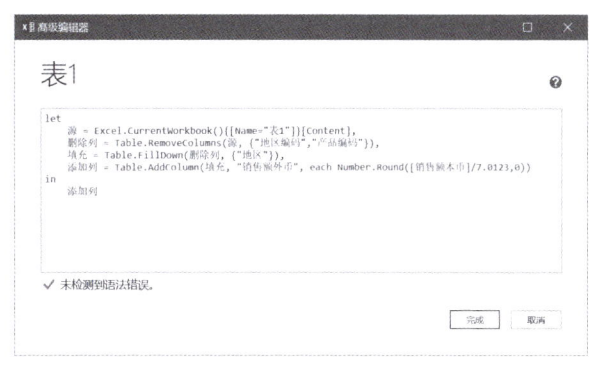

图9-11 示例数据　　　　图9-12 M公式代码

9.2.4　Table.SelectColumns 函数：选择列

Table.SelectColumns 函数用于选择一列或几列，相当于删除其他列的操作。其用法如下：

= Table.SelectColumns (表 , 要删除的列集 , 列不存在时的处理)

例如，案例 9-4 的代码还可以修改为：

```
let
    源 = Excel.CurrentWorkbook(){[Name="表1"]}[Content],
    选择列 = Table.SelectColumns(源, {"地区","产品","销售额本币"}),
    填充 = Table.FillDown(选择列, {"地区"}),
    添加列 = Table.AddColumn(填充, "销售额外币", [销售额本币]/7.0123)
in
    添加列
```

9.2.5　Table.RenameColumns 函数：重命名列

Table.RenameColumns 函数用于对指定的列重命名。其用法如下：

= Table.RenameColumns (表 , 要重命名的列集 , 列不存在时的处理)

列集写法如下：

{{"旧列名1","新列名1"},{"旧列名2","新列名2"},{"旧列名3","新列名3"},……}

● 案例9-5

例如，在案例 9-4 中，再增加一条语句，修改列名称：将"产品"重命名为"商品"，

将"销售额本币"重命名为"人民币",将"销售额外币"重命名为"美元",此时公式代码如下:

```
let
    源 = Excel.CurrentWorkbook(){[Name="表1"]}[Content],
    删除列 = Table.RemoveColumns(源,{"地区编码","产品编码"}),
    填充 = Table.FillDown(删除列,{"地区"}),
    添加列 = Table.AddColumn(填充,"销售额外币",each [销售额本币]/7.0123),
    重命名 = Table.RenameColumns(添加列,{{"产品","商品"},{"销售额本币","人民币"},{"销售额外币","美元"}})
in
    重命名
```

添加代码,如图 9-13 所示。

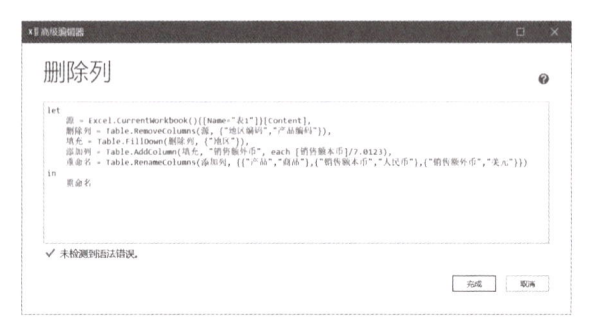

图9-13 重命名列的代码

9.2.6　Table.ReorderColumns 函数:将各列重新排列

Table.ReorderColumns 函数用于将各列重新排列。其用法如下:

```
= Table.ReorderColumns(表,列名列表,列不存在时的处理)
```

例如,下面的 M 公式代码就是将如图 9-14 所示的原始顺序调整为如图 9-15 所示的列顺序。

```
let
    源 = Excel.CurrentWorkbook(){[Name="表1"]}[Content],
    调序 = Table.ReorderColumns(源,{"地区","省份","门店","性质","指标","销售额"})
in
    调序
```

	性质	地区	省份	门店	销售额	指标
1	自营	华北	北京	A001	5828	3836
2	自营	华南	广州	A002	1914	2166
3	加盟	华北	河北	A003	7023	9559
4	加盟	华东	上海	A004	1904	9822
5	自营	华南	深圳	A005	6137	8692
6	加盟	华东	苏州	A006	6316	9727
7	自营	华中	武汉	A007	5928	3494
8	加盟	华中	武汉	A008	7189	2933

图9-14 原始的顺序

图9-15 调整列次序后的表

9.2.7 Table.SplitColumn 函数：将某列按照指定分隔符拆分成 N 列

Table.SplitColumn 函数用于将某列按照指定分隔符拆分成 N 列，与菜单的"拆分列"命令一样。其用法如下：

=Table.SplitColumn(表，指定列,指定分隔符,可选的列名或列数,默认值,多余列)

案例9-6

图 9-16 所示是一组示例数据，要将 B 列拆分成 3 列，新列名分别为"科目编码""总账科目""明细科目"，并将"序号"删除。

建立查询，打开"高级编辑器"对话框，如图 9-17 所示， M 公式代码如下。

```
let
    源 = Excel.CurrentWorkbook(){[Name="表1"]}[Content],
    删除序号 = Table.RemoveColumns(源,{"序号"}),
    拆分列 = Table.SplitColumn(删除序号,"目录名称",
                              Splitter.SplitTextByDelimiter("/"),
                              {"科目编码","总账科目","明细科目"})
in
    拆分列
```

图9-16 示例数据　　　　　图9-17 M公式代码

这样一次性高效完成删除列、拆分列、重命名列的操作，得到需要的结果，如图 9-18 所示。

图9-18　完成数据整理

9.2.8　Table.CombineColumns 函数：合并列

有拆分就有合并。当需要把几列合并为一列时，可以使用 Table.CombineColumns 函数。其用法如下：

```
=Table.CombineColumns(表,原始列集,合并规则,新列名)
```

案例9-7

图 9-19 所示的原始数据表中包含列"科目编码""总账科目"和"明细科目"，现在要将它们合并为一列"科目目录"，并用斜杠"/"分隔。

建立查询，打开"高级编辑器"对话框，如图 9-20 所示，M 公式代码如下：

```
let
    源 = Excel.CurrentWorkbook(){[Name="表1"]}[Content],
    合并列 = Table.CombineColumns(源,{"科目编码","总账科目","明细科目"},
                                Combiner.CombineTextByDelimiter("/"),
                                "科目目录")
in
    合并列
```

图9-19　原始数据　　　　　　　　图9-20　M公式代码

得到结果，如图 9-21 所示。

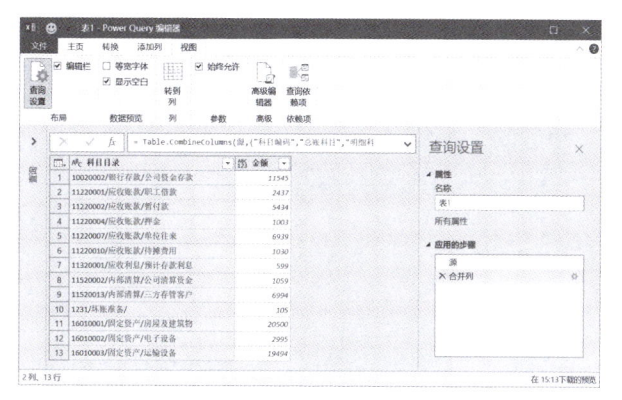

图9-21 三列合并为一列

9.2.9 Table.DuplicateColumn 函数：复制列

Table.DuplicateColumn 函数用于复制列。其用法如下：

= Table.DuplicateColumn（表，要复制的列名，新列名，可选的列数据类型）

> 案例9-8

图 9-22 所示是一组示例数据，现在要求增加一列"面值"和一列"总金额"。

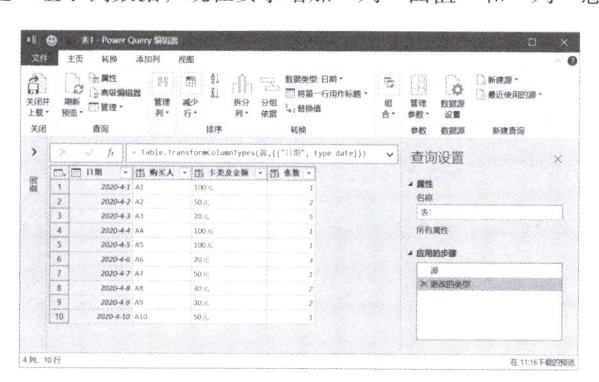

图9-22 示例数据

"面值"可以使用相关文本函数直接提取，也可以先复制一列再处理。M 公式代码如下：

```
let
    源 = Excel.CurrentWorkbook(){[Name="表1"]}[Content],
    更改的类型 = Table.TransformColumnTypes(源,{{"日期", type date}}),
    复制 = Table.DuplicateColumn(更改的类型,"卡类及金额","面值"),
    面值 = Table.ReplaceValue(复制,"元","", Replacer.ReplaceText, {"面值"}),
    金额 = Table.AddColumn(面值,"金额",each Number.From([面值])*Number.From([张数]))
in
    金额
```

167

一键完成所有数据处理，结果如图 9-23 所示。

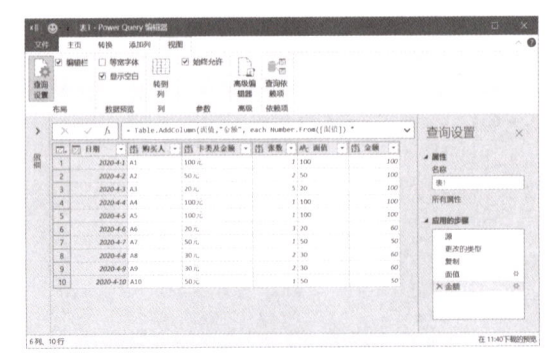

图9-23　处理结果

这个例子主要是练习 Table.DuplicateColumn 函数复制列，其实，上面的代码比较复杂。下面是利用 Table.AddColumn 函数直接进行数据处理，要简单很多。

```
let
    源 = Excel.CurrentWorkbook(){[Name="表1"]}[Content],
    更改的类型 = Table.TransformColumnTypes(源,{{"日期", type date}}),
    面值 = Table.AddColumn(更改的类型,"面值",each Text.Replace([卡类及金额],"元","")),
    金额 = Table.AddColumn(面值,"金额", each Number.From([面值]) * Number.From([张数]))
in
    金额
```

9.3 操作行

如果要从表中提取指定条件的行（记录），或者删除某些行（记录），可以使用以下函数：

- Table.SelectRows
- Table.RemoveLastN
- Table.Range
- Table.Distinct
- Table.MinN
- Table.RemoveFirstN
- Table.FindText
- Table.Sort
- Table.MaxN

9.3.1　Table.SelectRows 函数：提取满足条件的行

Table.SelectRows 函数用于从表中选择满足条件的行。其用法如下：

= Table.SelectRows (表 , 条件匹配)

这种提取数据，实质上就是指定条件的筛选问题。

案例9-9

图 9-24 所示是材料出库记录表，现在要将"规格型号"为 6-150， "材料名称"中包

含"螺丝刀"的材料提取出来。

建立查询,打开"高级编辑器"对话框,输入 M 公式代码如下:

```
let
    源 = Excel.CurrentWorkbook(){[Name="表1"]}[Content],
    规格 = Table.SelectRows(源, each Text.Contains([材料名称], "螺丝刀")),
    型号 = Table.SelectRows(规格, each [规格型号]="6-150")
in
    型号
```

输入代码,如图 9-25 所示。

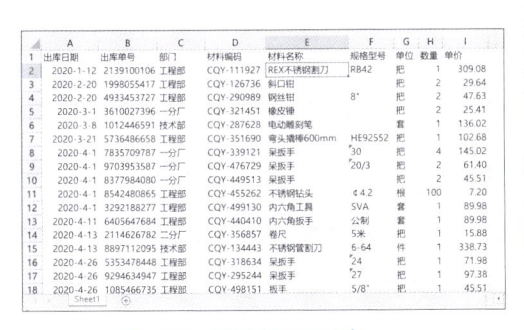

图9-24　材料出库记录表

图9-25　编辑M公式代码

这样得到满足条件的数据,如图 9-26 所示。

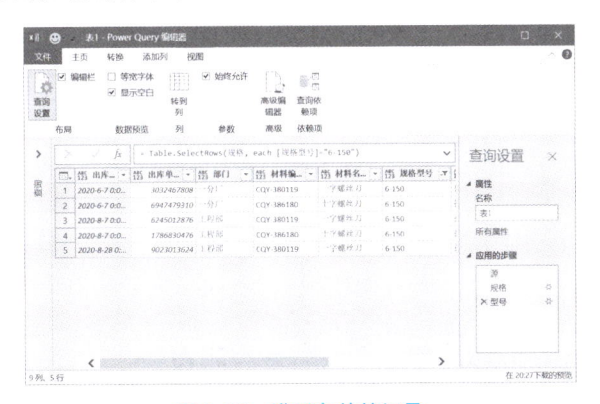

图9-26　满足条件的记录

案例9-10

在第 2 章的案例 2-1 中,通过添加自定义列+筛选的方法,提取表中的总账科目记录。本案例中则使用 Table.SelectRows 函数,可以一次完成所有数据的提取。 M 公式代码如下:

```
let
    源 = Excel.CurrentWorkbook(){[Name="表1"]}[Content],
    总账科目 = Table.SelectRows(源,each Text.Length([科目编码])=4)
in
    总账科目
```

9.3.2 Table.RemoveFirstN 函数：删除表的前 N 行

Table.RemoveFirstN 函数用于删除表的前 N 行（从顶部开始）。其用法如下：

```
= Table.RemoveFirstN(表,个数或条件)
```

当第二个参数指定个数时，就是删除表格的前 N 行；当第二个参数指定条件时，就是删除所有满足条件行。

案例9-11

以案例 9-9 的数据为例，要删除出库日期早于 2020-4-30 的记录，则 M 公式代码如下，结果如图 9-27 所示。

```
let
    源 = Excel.CurrentWorkbook(){[Name="表1"]}[Content],
    日期类型 = Table.TransformColumnTypes(源,{{"出库日期", type date}}),
    删除数据 = Table.RemoveFirstN(日期类型, each [出库日期] <= #date(2020,4,30))
in
    删除数据
```

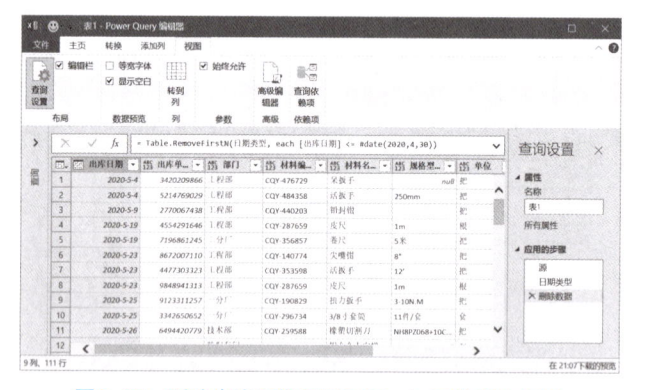

图9-27　删除出库日期早于2020-4-30的所有记录

9.3.3 Table.RemoveLastN 函数：删除表的后 N 行

Table.RemoveLastN 函数用于删除表的后 N 行（从底部开始）。其用法如下：

```
= Table.RemoveLastN(表,个数或条件)
```

当第二个参数指定个数时，就是删除表格的后 N 行；当第二个参数指定条件时，就是删除所有满足条件行。

案例9-12

以案例 9-9 的数据为例，如果要将出库日期晚于 2020-6-1 的数据删除，则 M 公式代码如下，结果如图 9-28 所示。

```
let
    源 = Excel.CurrentWorkbook(){[Name="表1"]}[Content],
```

```
    日期类型 = Table.TransformColumnTypes(源,{{"出库日期", type date}}),
    删除数据 = Table.RemoveLastN(日期类型, each [出库日期] >= #date(2020,6,1))
in
    删除数据
```

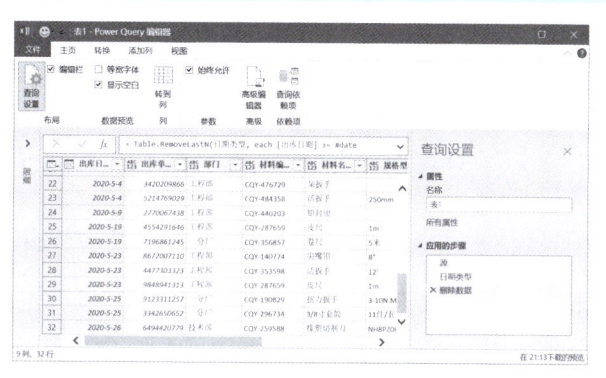

图9-28　删除出库日期晚于2020-6-1的所有数据

9.3.4　Table.FindText 函数：查找含有指定文本的行记录

Table.FindText 函数用于从表中查找含有指定文本的行记录。其用法如下：

= Table.FindText(表,指定文本)

与前面介绍的 Table.SelectRows 函数不同的是，Table.FindText 函数汇总整个表的所有列查找指定文本，而 Table.SelectRows 是在某列按指定条件查找。

案例9-13

以案例 9-9 的数据为例，要将所有含有"螺丝刀"的数据找出来，可以使用 Table.FindText 函数。M 公式代码如下，结果如图 9-29 所示。

```
let
    源 = Excel.CurrentWorkbook(){[Name="表1"]}[Content],
    查找 = Table.FindText(源,"螺丝刀")
in
    查找
```

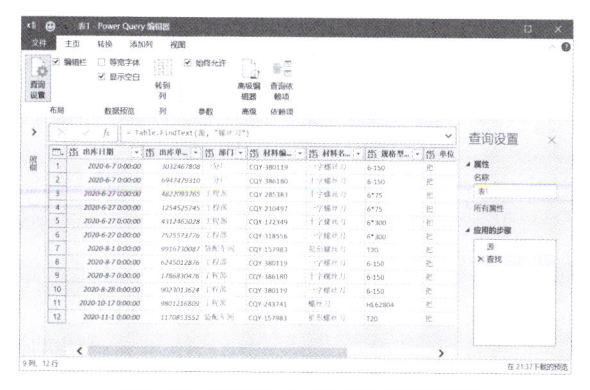

图9-29　所有含有"螺丝刀"的数据

9.3.5　Table.Range 函数：从指定行开始提取指定行数记录

Table.Range 函数用于从表的指定行开始提取指定行数记录。其用法如下：

```
=Table.Range(表,指定开始的行,要提取的行数)
```

案例9-14

图 9-30 所示是一张客户销售汇总表，现在要制作以下两个报表。

（1）报表 1：产品 2 销售前 10 大客户。

（2）报表 2：产品 5 销售第 11~20 名客户。

建立查询，如图 9-31 所示。

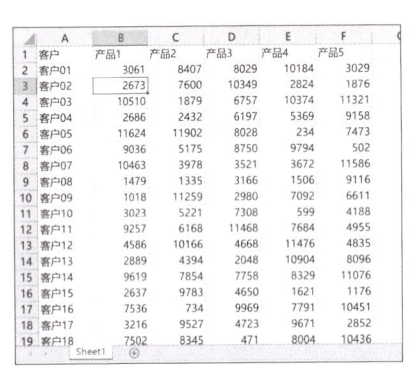

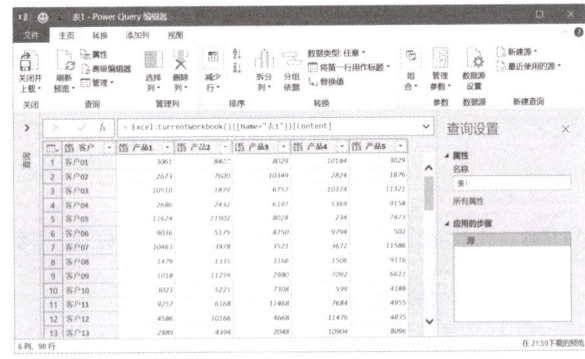

图9-30　客户销售汇总表

图9-31　建立查询

第一个报表的 M 公式代码如下，产品 2 销售前 10 大客户结果如图 9-32 所示。

```
let
    源 = Excel.CurrentWorkbook(){[Name="表1"]}[Content],
    产品2排序 = Table.Sort(源,{"产品2",Order.Descending}),
    产品2前10个 = Table.Range(产品2排序,0,10)
in
    产品2前10个
```

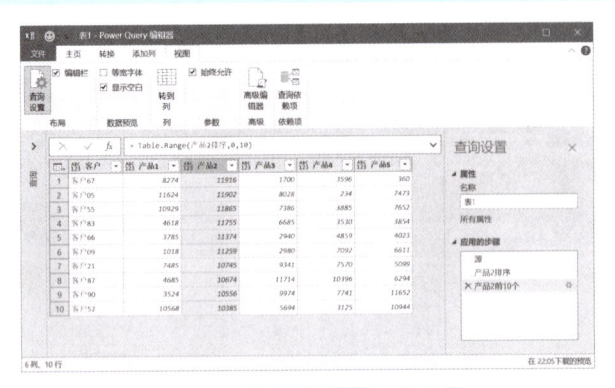

图9-32　产品2销售前10大客户

第二个报表的 M 公式代码如下，产品 5 销售第 11~20 名客户结果如图 9-33 所示。

```
let
```

```
源 = Excel.CurrentWorkbook(){[Name="表1"]}[Content],
产品5排序 = Table.Sort(源,{"产品5",Order.Descending}),
产品5第11至20个 = Table.Range(产品5排序,10,10)
in
    产品5第11至20个
```

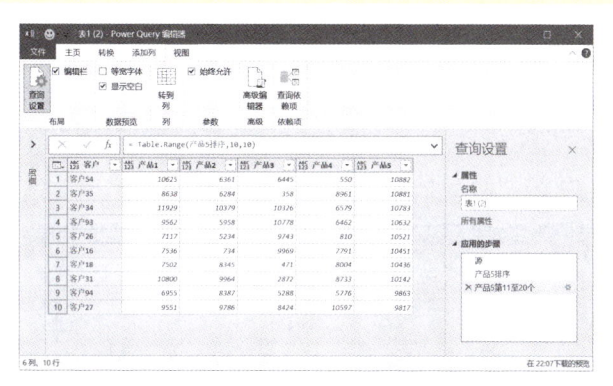

图9-33 产品5销售第11~20名客户

9.3.6 Table.Sort 函数：对指定列进行排序

Table.Sort 函数用于对指定列进行排序。其用法如下：

= Table.Sort(表,排序的列及排序方式)

排序方式有以下两种。

- Order.Ascending：升序。
- Order.Descending：降序。

例如，对字段"姓名"进行升序排序，对字段"销售"进行降序排序，那么函数的第二个参数的写法如下：

{{"姓名", Order.Ascending},{"销售", Order.Descending}}

案例9-15

图9-34所示是一张学生成绩表，现在要求先对总成绩进行降序排序，然后分别对数学、语文、物理、化学依次做降序排序。

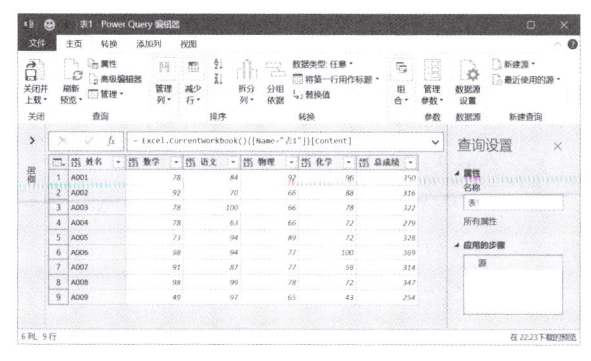

图9-34 学生成绩表

排序结果如图 9-35 所示，M 公式代码如下。

```
let
    源 = Excel.CurrentWorkbook(){[Name="表1"]}[Content],
    排序 = Table.Sort(源,{{"总成绩", Order.Descending},
                        {"数学", Order.Descending},
                        {"语文",Order.Descending},
                        {"物理", Order.Descending},
                        {"化学", Order.Descending}})
in
    排序
```

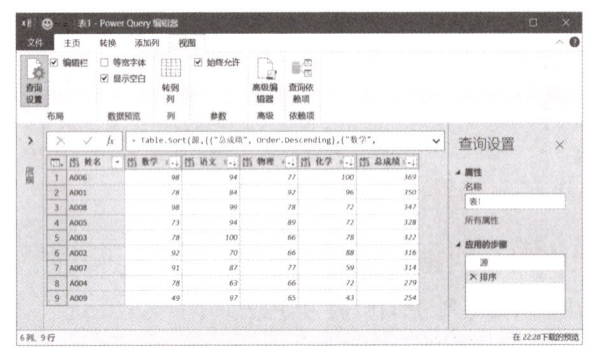

图9-35 排序结果

9.3.7 Table.Distinct 函数：删除重复行

Table.Distinct 函数用于删除表中的重复行。其用法如下：

= Table.Distinct(表,对哪些列进行测试)

如果忽略第二个参数，就会对所有列进行测试，以判断是否有重复行。如果第二个参数指定了具体的列，就只对指定的列进行测试是否有重复行。

例如，下面的 M 公式代码就会将如图 9-36 所示的原始数据表变为如图 9-37 所示的删除重复行的结果表：

```
let
    源 = Excel.CurrentWorkbook(){[Name="表1"]}[Content],
    删除重复 = Table.Distinct(源)
in
    删除重复
```

图9-36 原始数据　　　　　　　图9-37 删除重复行的结果表

例如，如图 9-38 所示的原始数据，使用下面的 M 公式代码，会得到如图 9-39 所示的删除重复行的表。这里仅对第一列进行判断，注意这里的删除是从表的最后一行往上逐步判断删除的。

```
let
    源 = Excel.CurrentWorkbook(){[Name="表1"]}[Content],
    删除重复 = Table.Distinct(源,"项目")
in
    删除重复
```

图9-38 原始数据

图9-39 删除重复行的表

案例9-16

图 9-40 所示是一张员工证书信息记录表，现在要求提取每个人的最新证书名称和获取时间，并删除以前的证书数据。

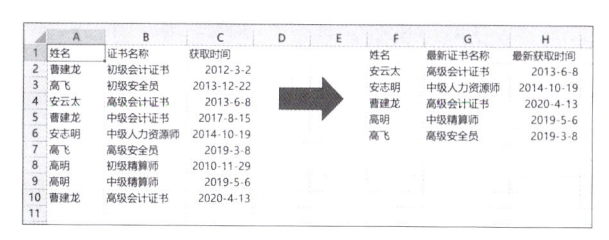

图9-40 员工证书信息记录

建立查询，如图 9-41 所示。

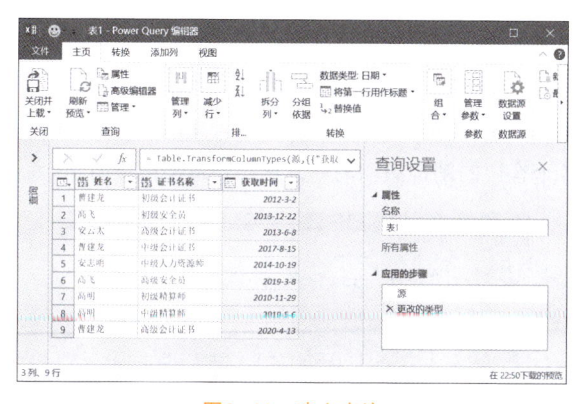

图9-41 建立查询

打开"高级编辑器"对话框，输入下面的 M 公式代码，就得到各个员工的最新证书信息，如图 9-42 所示。

175

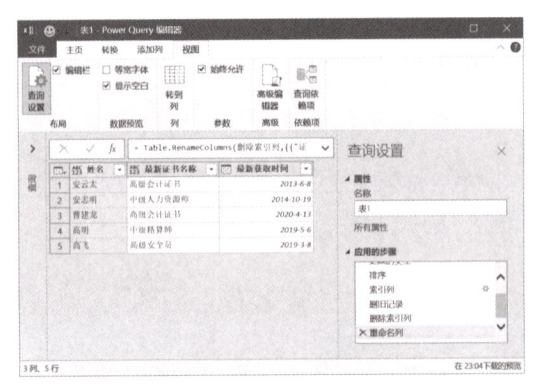

图9-42 各个员工的最新证书信息

```
let
    源 = Excel.CurrentWorkbook(){[Name="表1"]}[Content],
    更改的类型 = Table.TransformColumnTypes(源,{{"获取时间", type date}}),
    排序 = Table.Sort(更改的类型,{{"姓名",Order.Ascending},
                                {"获取时间",Order.Descending}}),
    索引列 = Table.AddIndexColumn(排序,"序号",1,1),
    删旧记录 = Table.Distinct(索引列,"姓名"),
    删除索引列 = Table.RemoveColumns(删旧记录, {"序号"}),
    重命名列 = Table.RenameColumns(删除索引列,
            {{"证书名称","最新证书名称"},{"获取时间","最新获取时间"}})
in
    重命名列
```

9.3.8 Table.MaxN 函数：提取表中指定字段最大的前 N 个记录

例如，如果要从每个客户的汇总表中，将销售额最大的前10个客户提取出来，则可以使用 Table.MaxN 函数。其用法如下：

= Table.MaxN (表，比较性条件选项，个数或设置的条件)

案例9-17

图 9-43 所示是各个客户的销售额和毛利，现在要将销售额前 10 大客户筛选出来。

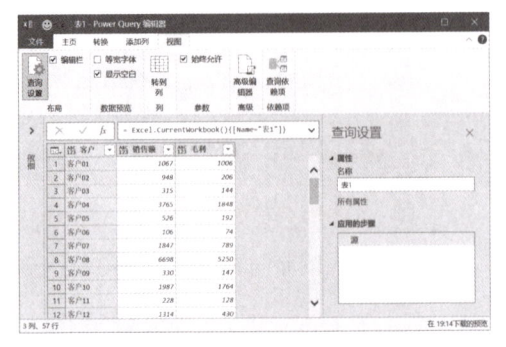

图9-43 各个客户的销售额和毛利

打开"高级编辑器"对话框，M 公式代码如下，对"销售额"列自动进行降序排序，并显示销售额前 10 大客户，如图 9-44 所示。

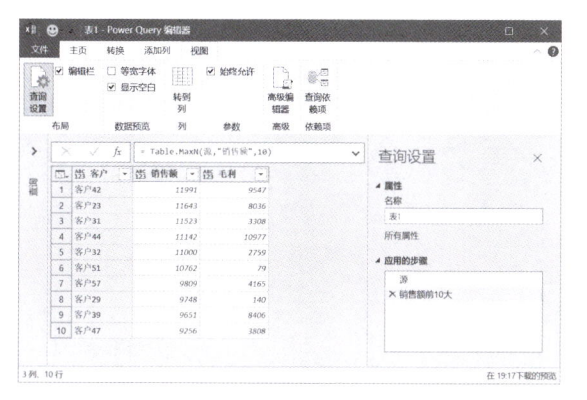

图9-44　销售额前10大客户

```
let
    源 = Excel.CurrentWorkbook(){[Name="表1"]}[Content],
    销售额前10大 = Table.MaxN(源,"销售额",10)
in
    销售额前10大
```

如果要得到毛利前 10 大客户，可以将 M 公式代码修改如下，结果如图 9-45 所示。

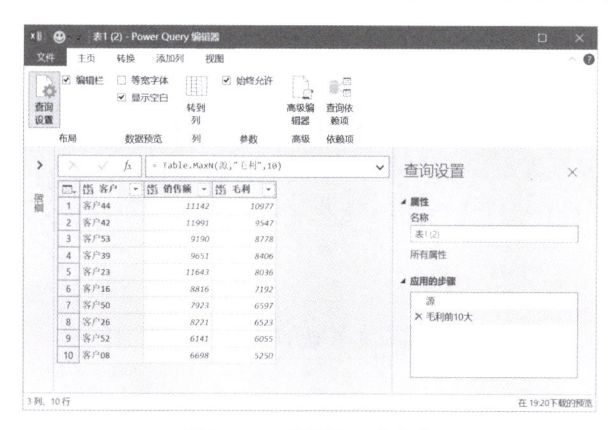

图9-45　毛利前10大客户

```
let
    源 = Excel.CurrentWorkbook(){[Name="表1"]}[Content],
    毛利前10大 = Table.MaxN(源,"毛利",10)
in
    毛利前10大
```

如果要得到销售额在 1 万以上的所有客户，可以将 M 公式代码修改如下，结果如图 9-46 所示。

```
let
```

```
    源 = Excel.CurrentWorkbook(){[Name="表1"]}[Content],
    销售额大于1万 = Table.MaxN(源,"销售额", each [销售额]>10000)
in
    销售额大于1万
```

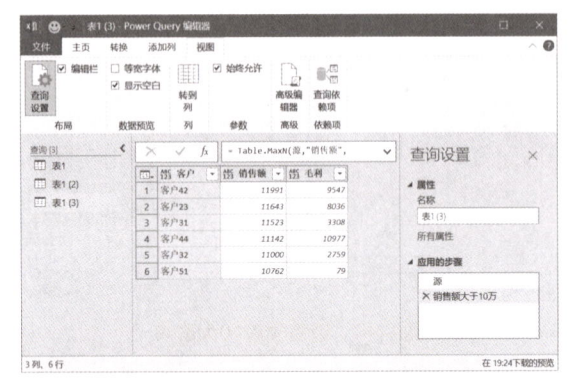

图9-46　销售额在1万以上的所有客户

9.3.9　Table.MinN 函数：提取表中指定字段最小的后 N 个记录

与 Table.MaxN 函数相反，Table.MinN 函数是从表中提取指定字段最小的后几个记录。其用法如下：

```
= Table.MinN(表,比较性条件选项,个数或设置的条件)
```

以案例 9-17 的数据为例，要从表中提取毛利最小的 10 个客户，M 公式代码如下，结果如图 9-47 所示。

```
let
    源 = Excel.CurrentWorkbook(){[Name="表1"]}[Content],
    毛利最小10个 = Table.MinN(源,"毛利",10)
in
    毛利最小10个
```

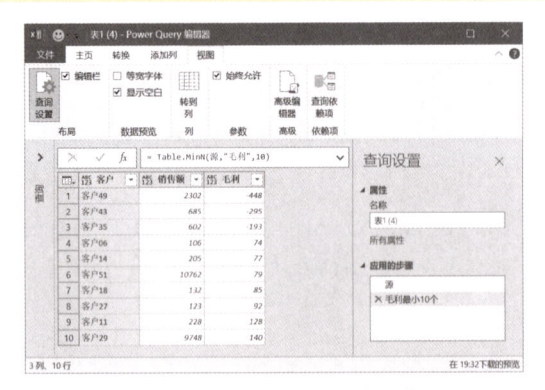

图9-47　毛利最小的10个客户

如果要把毛利为负的所有客户找出来，可以将 M 公式代码修改如下，结果如图 9-48 所示。

```
let
    源 = Excel.CurrentWorkbook(){[Name="表1"]}[Content],
    毛利为负 = Table.MinN(源,"毛利",each [毛利]<=0)
in
    毛利为负
```

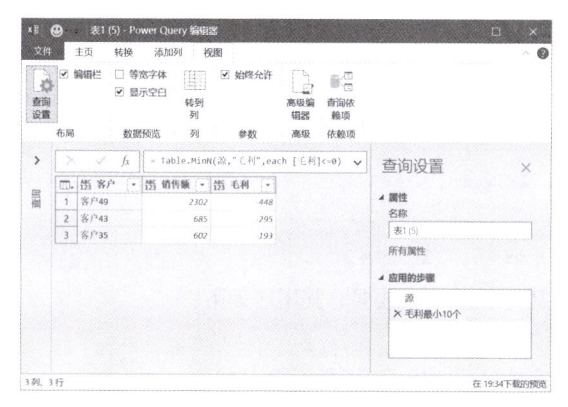

图9-48 毛利为负的所有客户

9.4 填充数据

如果某列有空值（是null，不是空字符""），要将这些空值往下或者往上填充，既可以使用菜单里的填充工具，也可以使用以下函数：

◎ Table.FillDown
◎ Table.FillUp

9.4.1 Table.FillDown 函数：往下填充数据

Table.FillDown 函数用于往下填充数据。其用法如下：

=Table.FillDown(表,列集合)

列集合以文本输入列标题名字，用逗号隔开各个列标题，最后用大括号括起来，例如：
{"日期","客户","产品","销量"}

案例9-18

图9-49所示是一个数据不完整的表格，现在需要将数据往下填充。
建立查询，然后打开"高级编辑器"对话框，M公式代码如下所示。

```
let
    源 = Excel.CurrentWorkbook(){[Name="表1"]}[Content],
    填充=Table.FillDown(源,{"日期","单据编号","客户编码","购货单位"})
in
    填充
```

完成数据填充，得到如图9-50所示的填充效果。

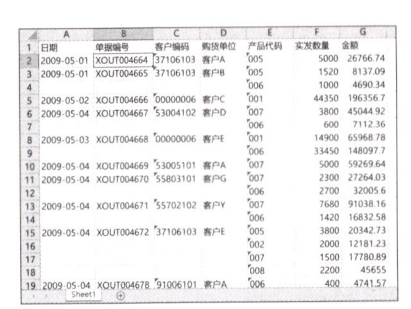

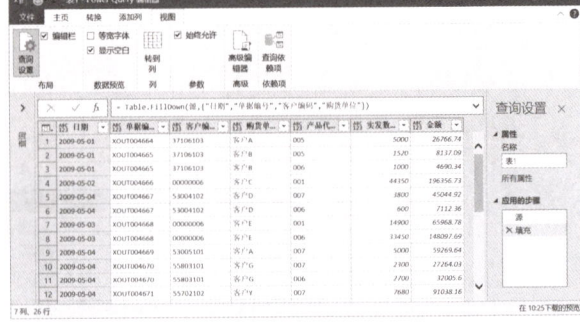

图9-49 数据不完整的表格　　　　　图9-50 完成数据填充效果

9.4.2 Table.FillUp 函数：往上填充数据

Table.FillUp 函数用于往上填充数据。其用法如下：

=Table.FillUp(表，列集合)

这个函数的用法与 Table.FillDown 函数完全一样。

9.5 替换值

在实际工作中，经常要将表中的某些数据替换为指定的数据，例如，将错误值替换为空值，将字符 A 替换为 AA 等，此时相关的函数有：

◎ Table.ReplaceValue
◎ Table.ReplaceErrorValues

9.5.1 Table.ReplaceValue 函数：将指定的值替换为新值

Table.ReplaceValue 函数用于将指定的值替换为新值。其用法如下：

= Table.ReplaceValue(表，旧数值，新数值，替换规则，要替换值的列集)

案例9-19

图 9-51 所示是一组有空单元格的原始数据，为了将空单元格填充为上一行数据，需要先将空单元格（即空字符）替换为 null，然后才能填充数据。

打开"高级编辑器"对话框，M 公式代码如下所示：

```
let
    源 = Excel.CurrentWorkbook(){[Name="表1"]}[Content],
    替换值 = Table.ReplaceValue(源,"",null,Replacer.ReplaceValue,{"地区"}),
    填充 = Table.FillDown(替换值,{"地区"})
in
    填充
```

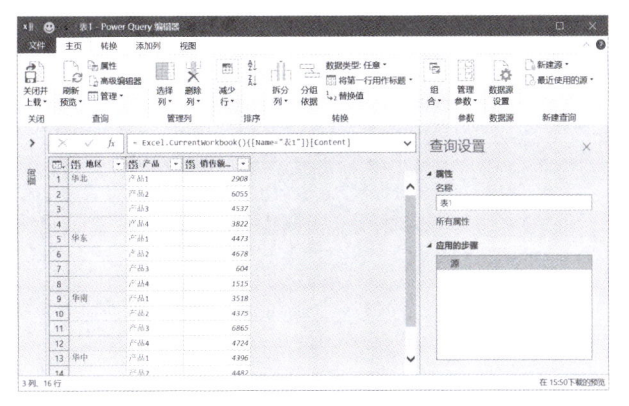

图9-51 原始数据

这样得到替换并填充的表，如图 9-52 所示。

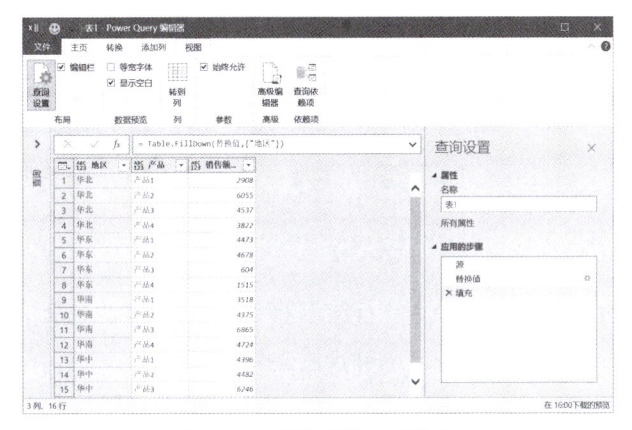

图9-52 替换并填充后的表

案例9-20

图 9-53 所示是一组多列存在空单元格的原始数据，同样需要先将空单元格替换为 null 后再填充。

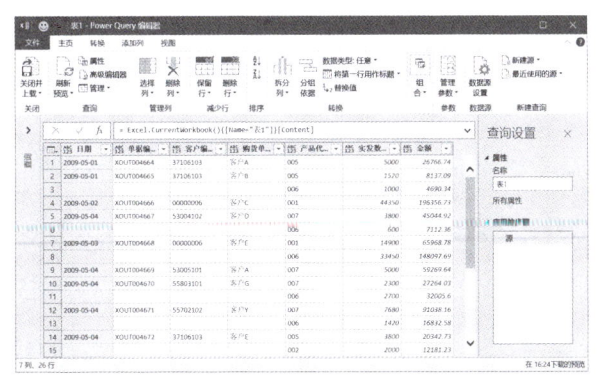

图9-53 原始数据

181

打开"高级编辑器"对话框,将 M 公式代码修改如下,就得到替换并填充结果,如图 9-54 所示。

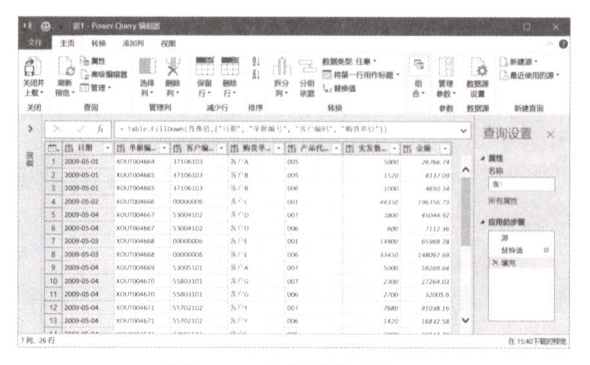

图9-54 替换并填充结果

```
let
    源 = Excel.CurrentWorkbook(){[Name="表1"]}[Content],
    替换值 = Table.ReplaceValue(源,"",null,Replacer.ReplaceValue,
                    {"日期","单据编号","客户编码","购货单位"}),
    填充 = Table.FillDown(替换值,{"日期","单据编号","客户编码","购货单位"})
in
    填充
```

9.5.2　Table.ReplaceErrorValues 函数:将错误值替换为指定的值

Table.ReplaceErrorValues 函数用于将错误值替换为指定的值,可以在不同列替换为不同的值。其用法如下:

= Table.ReplaceErrorValues(表,错误值替换列表)

案例9-21

图 9-55 所示是一个有错误值的查询表,其中"同比增减"列和"说明"列都有错误值,现在要求将"同比增减"列的错误值替换为"无意义",将"说明"列的错误值替换为"待查"。

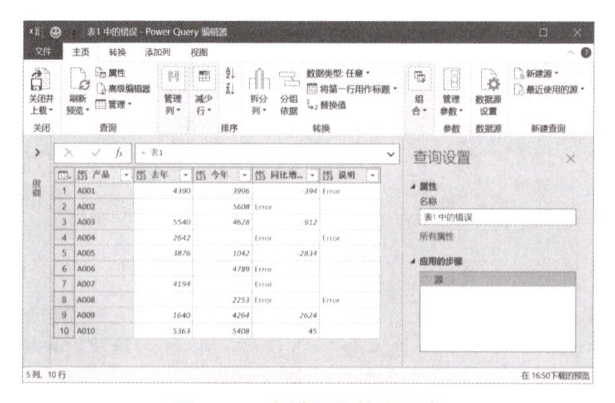

图9-55 有错误值的查询表

打开"高级编辑器"对话框,将 M 公式代码修改如下:

```
let
    源 = Excel.CurrentWorkbook(){[Name="表1"]}[Content],
    替换错误 = Table.ReplaceErrorValues(源, {{"同比增减","无意义"},{"说明","待查"}})
in
    替换错误
```

这样得到错误值被替换为指定值的结果,如图 9-56 所示。

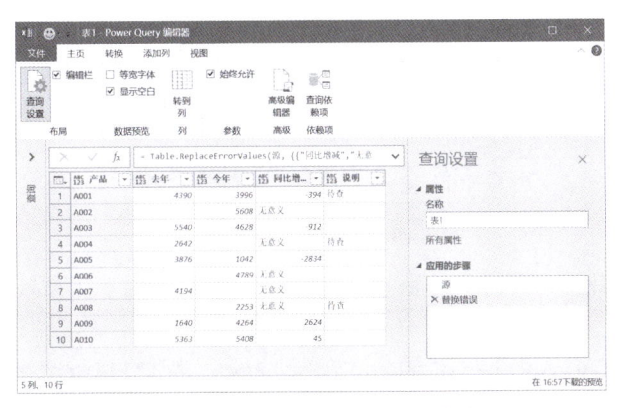

图9-56 错误值被替换为指定值的结果

9.6 表的其他操作

在数据处理中,也会对表进行其他操作,例如,分组、透视列、逆透视列、提升/降级标题、转置表等。这些操作既可以使用菜单命令完成,也可以使用 M 函数集成化完成。

9.6.1 Table.Group 函数:分组

Table.Group 函数用于对数据进行分组计算,也就是执行"开始"选项卡中的"分组依据"命令,函数的用法如下:

= Table.Group (表 , 指定要分组的列 , 分组操作的函数公式 , 可选全局或局部分组 , 可选 xy 参数)

这个函数使用起来比较复杂,重要的是弄清楚前三个参数。

- 第一个参数很容易理解,就是上一步操作的表。
- 第二个参数是指定要分组的列,也就是根据哪一列进行分组。
- 第三个参数指定分组操作的函数公式,其书写格式参考如下。

```
={{标题}, each 函数 ,type 类型 }
={{"标题1",each 函数 },{"标题2", each 函数 }}
={{"标题1", each 函数 , type 类型 },{"标题2",each 函数 , type 类型 }}
={{"订单数", each List.Count([客户]), type number},{"销量合计", each List.Sum([销量]), type number}}
```

案例9-22

图 9-57 所示是各个季度各个地区的产品销售表，现在要对地区进行组合运算，对每个地区的各个季度数据进行求和。

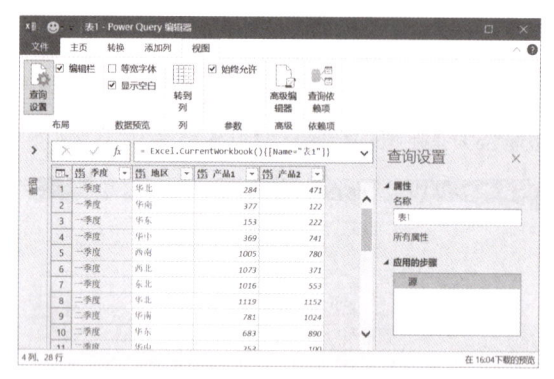

图9-57　产品销售表

打开"高级编辑器"对话框，M 公式代码如下，得到如图 9-58 所示的分组结果。

```
let
    源 = Excel.CurrentWorkbook(){[Name="表1"]}[Content],
    分组 = Table.Group(源,"地区",{{"产品1合计",each List.Sum([产品1])},
                               {"产品2合计",each List.Sum([产品2])}})
in
    分组
```

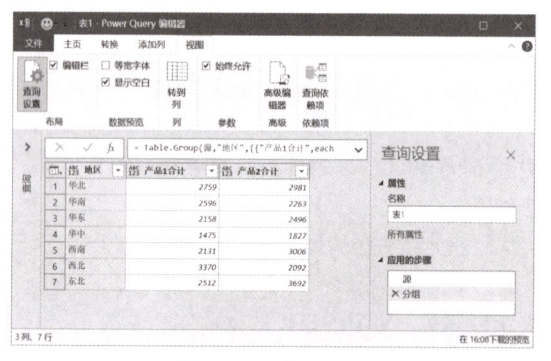

图9-58　分组结果

案例9-23

图 9-59 所示是一张销售表，要求计算每个客户的订单数、销量合计和销售额合计。

打开"高级编辑器"对话框，编写下面的 M 公式代码，得到如图 9-60 所示的分组结果。

```
let
    源 = Excel.CurrentWorkbook(){[Name="表1"]}[Content],
    分组 = Table.Group(源,"客户",{{"订单数",each List.
```

```
Count([客户])},
                        {"销量合计",each List.Sum([销量])},
                        {"销售额合计" ,each List.Sum([销
售额])}}})
    in
        分组
```

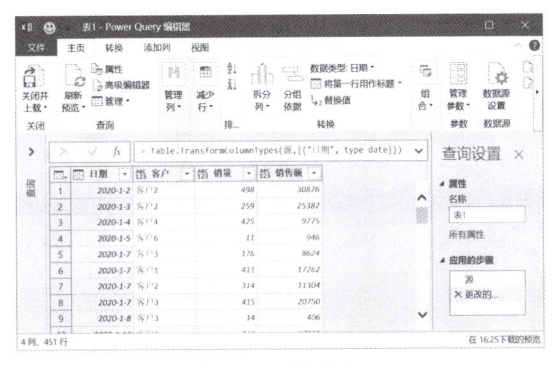

图9-59 销售表

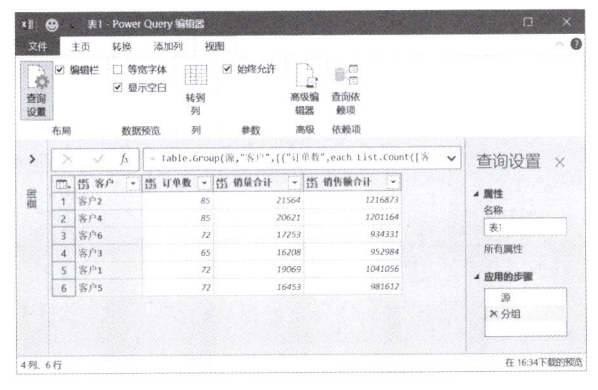

图9-60 分组结果

案例9-24

对多个字段进行分组，例如，如图 9-61 所示是一张月份销售表，现在同时对月份和客户进行分析，计算订单数、销量合计和销售额合计。打开"高级编辑器"对话框，输入如下 M 公式代码，分组结果如图 9-62 所示。

```
let
    源 = Excel.CurrentWorkbook(){[Name="表1"]}[Content],
    分组 = Table.Group(源,{"月份","客户"},
                    {{"订单数",each List.Count([客户])},
                    {"销量合计",each List.Sum([销量])},
                    {"销售额合计",each List.Sum([销售额])}})
in
    分组
```

185

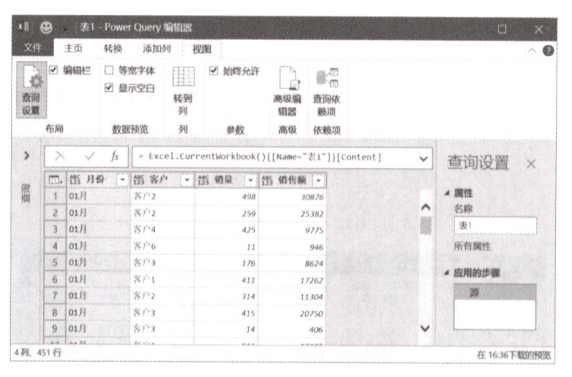

图9-61　月份销售表

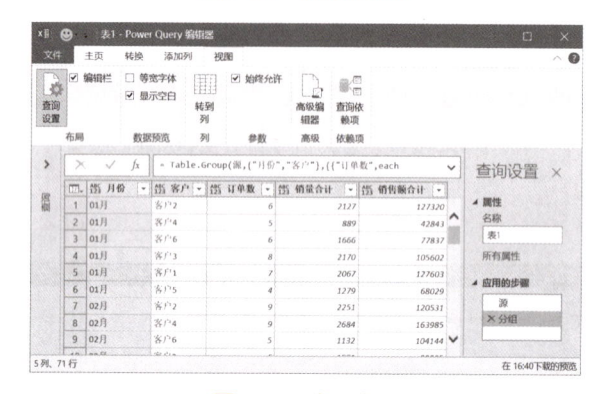

图9-62　分组结果

9.6.2　Table.Pivot 函数：透视列

Table.Pivot 函数用于透视列，也就是将某列的项目转换为列。其用法如下：

=Table.Pivot(表，提取要透视列的不重复项目，要透视的列，要计算的值列，聚合函数)

案例9-25

图 9-63 所示是一张月份销售表，现在要对"月份"列进行透视，得到各个客户各月的销售额二维表。

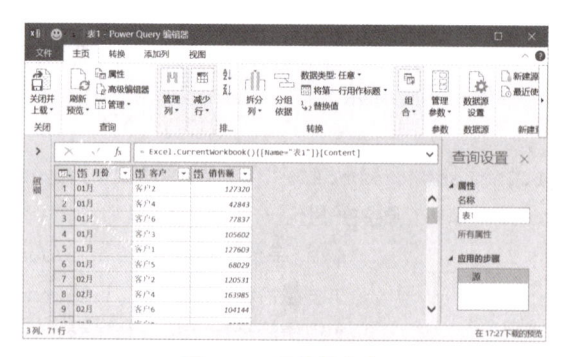

图9-63　月份销售表

打开"高级编辑器"对话框，编写如下 M 公式代码，得到如图 9-64 所示的透视结果。

186

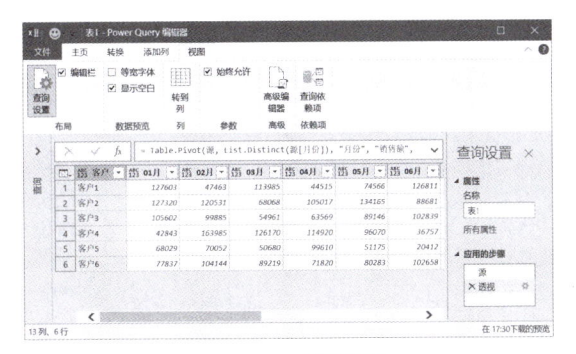

图9-64　透视结果

```
let
    源 = Excel.CurrentWorkbook(){[Name="表1"]}[Content],
    透视 = Table.Pivot(源, List.Distinct(源[月份]), "月份", "销售额", List.Sum)
in
    透视
```

对于一般的数据处理，使用菜单的"透视列"命令是最方便的，但是，了解 Table.Pivot 函数，也有助于开发集成化数据处理模型。

9.6.3　Table.Unpivot 函数：逆透视选定的列

Table.Unpivot 函数用于逆透视列，也就是将某几列转换为一列。其用法如下：

=Table.Unpivot (表 , 要透视的列 , 项列标题 , 值列标题)

案例9-26

图 9-65 所示是一组示例数据，现在要对各列月份进行逆透视，M 公式代码如下，逆透视结果如图 9-66 所示。

```
let
    源 = Excel.CurrentWorkbook(){[Name="表1"]}[Content],
    逆透视 = Table.Unpivot(源,{"01月","02月","03月","04月","05月","06月","07月","08月","09月","10月","11月","12月"},"月份","销售额")
in
    逆透视
```

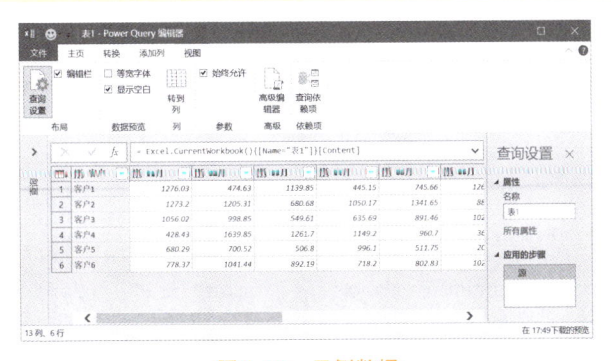

图9-65　示例数据

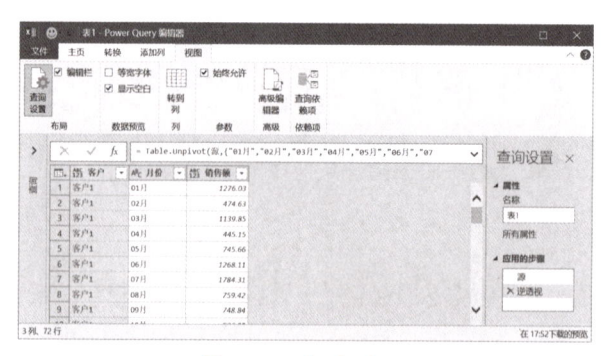

图9-66 逆透视结果

9.6.4 Table.UnpivotOtherColumns 函数：逆透视其他未选定的列

上面的例子是使用 Table.Unpivot 函数来逆透视指定的列，当列有很多时，可以使用 Table.UnpivotOtherColumns 函数进行逆透视。

Table.UnpivotOtherColumns 函数用于逆透视其他未选定的列。其用法如下：

= Table.UnpivotOtherColumns(表, 不透视的列, 项列标题, 值列标题)

例如，案例 9-26 中的公式可以简化为以下 M 公式代码：

```
let
    源 = Excel.CurrentWorkbook(){[Name="表1"]}[Content],
    逆透视 = Table.UnpivotOtherColumns(源,{"客户"},"月份","销售额")
in
    逆透视
```

案例9-27

图 9-67 所示是一组示例数据，要求对月份进行逆透视。此时，M 公式代码如下：

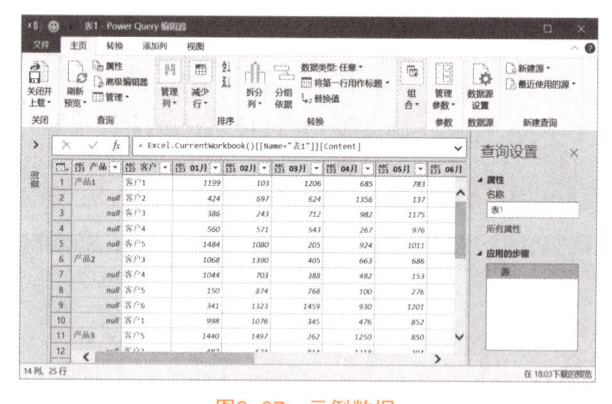

图9-67 示例数据

```
let
    源 = Excel.CurrentWorkbook(){[Name="表1"]}[Content],
    填充 = Table.FillDown(源,{"产品"}),
    逆透视 = Table.UnpivotOtherColumns(填充,{"产品","客户"},"月份","销售额")
```

```
in
    逆透视
```
逆透视结果如图 9-68 所示。

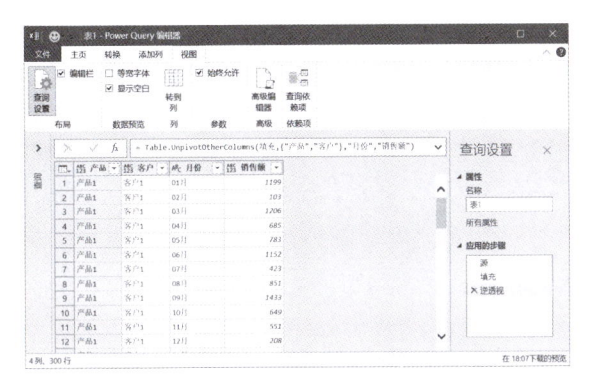

图9-68　逆透视结果

9.6.5　Table.PromoteHeaders 函数和 Table.DemoteHeaders 函数：提升 / 降级标题

将表的第一行提升为标题，可以使用 Table.PromoteHeaders 函数；若将标题降级为表的第一行，可以使用 Table.DemoteHeaders 函数，它们的用法分别如下：

= Table.PromoteHeaders（表，可选的值类型的区域性设置）

= Table.DemoteHeaders（表）

这两个函数就是对应"开始"选项卡里的"将第一行用作标题"和"将标题用作一行"两个菜单命令。

9.6.6　Table.Transpose 函数：转置表

Table.Transpose 函数用于将表进行转置，也就是将行变成列，列变成行。其用法如下：

= Table.Transpose（表，可选的列）

当要转置一个表时，需要先降级标题，再转置，最后再提升标题。

案例9-28

图 9-69 所示是转置前的表， M 公式代码如下，转置后的表如图 9-70 所示。

图9-69　转置前的表

图9-70　转置后的表

```
let
    源 = Excel.CurrentWorkbook(){[Name="表1"]}[Content],
    降级标题 = Table.DemoteHeaders(源),
    转置 = Table.Transpose(降级标题),
    升级标题 = Table.PromoteHeaders(转置)
in
    升级标题
```

第10章
数据访问函数及其应用

数据访问，也就是从某个数据源查询数据。一般来说，数据访问使用 Power Query 的菜单操作最简单，但了解常见的数据访问函数也是很有用的。例如，在汇总文件夹里的大量工作簿数据时，就需要使用到数据访问函数中的 Excel.Workbook 函数。

10.1　Excel.CurrentWorkbook函数：访问当前工作簿中的表

在前面介绍的各个案例中都有一条公式：

源 = Excel.CurrentWorkbook(){[Name="表1"]}[Content]

这个公式使用了 Excel.CurrentWorkbook 函数，用于访问当前工作簿中的某个表的数据。

假如当前工作簿中有很多个表（通过"插入"→"表格"命令创建的表），那么就可以手动修改这个公式中的表名，以改变访问的表。

例如，下面的公式就是访问当前工作簿中的"去年"表的数据：

源 = Excel.CurrentWorkbook(){[Name="去年"]}[Content]

当要访问当前工作簿中的所有表时，公式如下：

源 = Excel.CurrentWorkbook()

案例10-1

图 10-1 所示是一张各个地区销售数据表，当前工作簿中有 5 张工作表，每个工作表数据区域均被定义成表，现在要将这些工作表合并到一张工作表中。

执行"数据"→"新建查询"→"从其他源"→"空白查询"命令，打开"Power Query 编辑器"，创建一个空查询，如图10-2所示。

图10-1　各个地区销售数据表　　　　图10-2　创建空查询

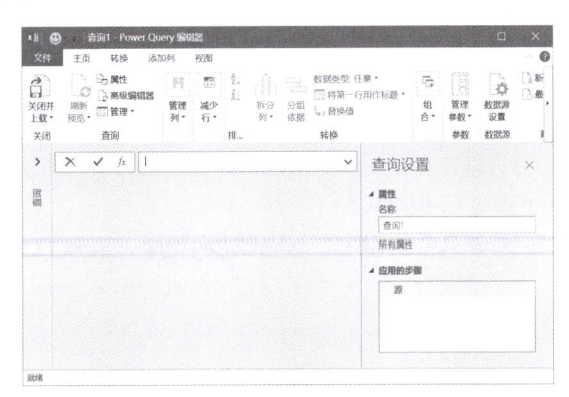

打开"高级编辑器"对话框,输入下面的 M 公式代码,得到如图 10-3 所示的结果。

```
let
    源 = Excel.CurrentWorkbook()
in
    源
```

单击 Content 列标题右侧的展开按钮,打开一个展开窗格,取消选中"使用原始列名作为前缀"复选框,保留其他的选择,如图 10-4 所示。

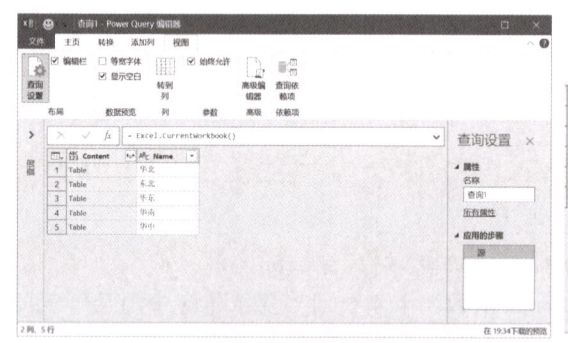

图10-3　显示结果　　　　　　　　　　图10-4　展开Content列

那么,就得到如图 10-5 所示的结果,这就是当前工作簿的几个表的合并表。

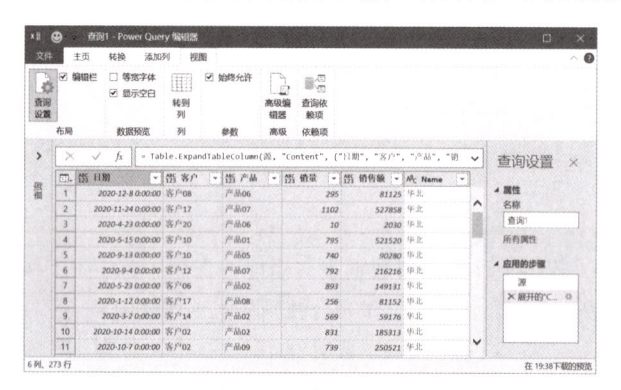

图10-5　当前工作簿的几个表的合并表

可以对 M 公式进行编辑加工,得到一个集成化的公式代码:

```
let
    源 = Excel.CurrentWorkbook(),
    展开 = Table.ExpandTableColumn(源,"Content",{"日期","客户","产品","销量","销售额"}),
    新列名 =Table.RenameColumns(展开,{"Name","地区"}),
    更改的类型 = Table.TransformColumnTypes(新列名,{{"日期", type date}})
in
    更改的类型
```

这个公式代码可以将当前工作簿内的所有表合并起来。因此，如果将几个表格合并后得到了一个查询表"查询1"，那么当刷新这个查询表时，会将合并得到的汇总数据也合并起来。

解决的方法是：从查询表中，将合并查询表筛选掉，修改公式代码如下：

```
let
    源 = Excel.CurrentWorkbook(),
    展开 = Table.ExpandTableColumn(源，"Content",{"日期","客户","产品","销量","销售额"}),
    新列名 =Table.RenameColumns(展开,{"Name","地区"}),
    更改的类型 = Table.TransformColumnTypes(新列名,{{"日期", type date}}),
    筛选的行 = Table.SelectRows(更改的类型，each ([地区] <> "查询1"))
in
    筛选的行
```

10.2 Excel.Workbook函数：访问工作簿

执行"数据"→"新建查询"→"从文件"→"从工作簿"命令，即可访问工作簿，这项命令实质上就是 Excel.Workbook 函数。

Excel.Workbook 函数用于访问工作簿。其用法如下：

= Excel.Workbook(带路径的工作簿，是否有标题，可选的延迟类型)

但是，"数据"→"新建查询"→"从文件"→"从工作簿"命令，往往没有标题，需要再次提升标题，并且对表格的选择比较烦琐（在导航器中）。因此，使用函数从工作簿的一张或者多张工作表中查询或合并数据的方式更简练。

案例10-2

图 10-6 所示是一个名为"销售记录表 .xlsx"的工作簿，假定其保存路径为：C:\Users\HXL\Desktop\9、 Power Query 数据处理之 M 函数入门与应用 \ 案例文件 \ 第 10 章 \ 销售记录表 .xlsx。

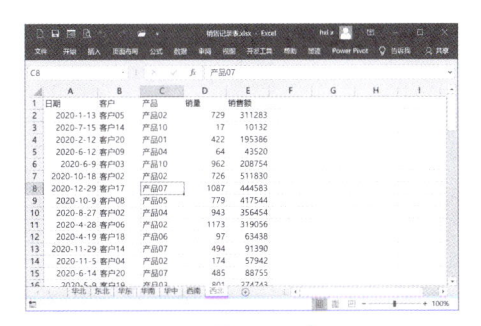

图10-6 销售记录表.xlsx

现在要快速查询工作表"华东"，那么可以新建一个工作簿，再新建一个空白查询，然后编写如下 M 公式代码，就得到如图 10-7 所示的结果，即导入源工作簿中"华东"工作表数据。

```
let
    源 = Excel.Workbook(File.Contents("C:\Users\HXL\Desktop\9、 Power
Query 数据处理之M函数入门与应用\案例文件\第10章\销售记录表.xlsx"),true){2}[Data]
in
    源
```

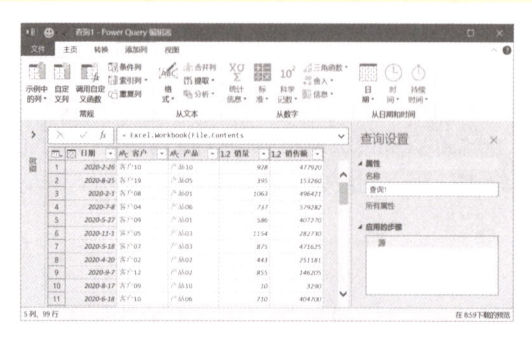

图10-7　导入源工作簿中"华东"工作表数据

> **注意**
>
> 在源工作簿中,"华东"工作表是第3个,其索引是2(第1个工作表的索引是0,第2个工作表的索引是1,第3个工作表的索引是2,以此类推)

如果要合并源工作簿中的所有工作表,可以使用Table.Combine函数,此时M公式代码如下,结果如图10-8所示。

```
let
    源 = Table.Combine(Excel.Workbook(File.Contents("C:\Users\HXL\Desktop\9、
Power Query 数据处理之M函数入门与应用\案例文件\第10章\销售记录表.xlsx"),true)
[Data])
in
    源
```

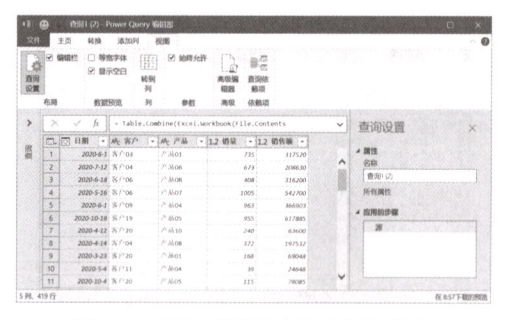

图10-8　源工作簿的所有数据合并表

但是,这种合并没有区分每个工作表数据的地区归属。如果要分清楚地区数据归属,还是需要使用向导解决。为了便于读者进行对比,下面再复习一下向导合并查询的主要步骤。

步骤 1 新建一个工作簿。

步骤 2 执行"数据"→"新建查询"→"从文件"→"从工作簿"命令，打开"导入数据"对话框，按照保存路径，选择工作簿"销售记录表.xlsx"，如图10-9所示。

步骤 3 单击"导入"按钮，打开"导航器"对话框，选择左侧顶部的"销售记录表.xlsx[7]"选项，如图10-10所示。

图10-9 销售记录表.xlsx

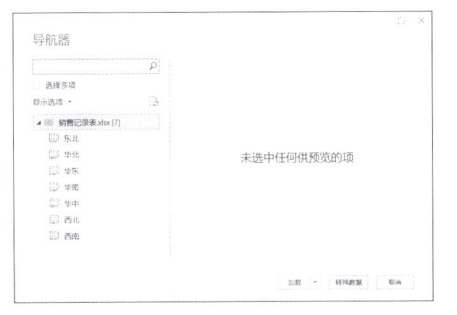

图10-10 选择"销售记录表.xlsx[7]"选项

步骤 4 单击右下角的"转换数据"按钮，打开 Power Query 编辑器，如图10-11所示。

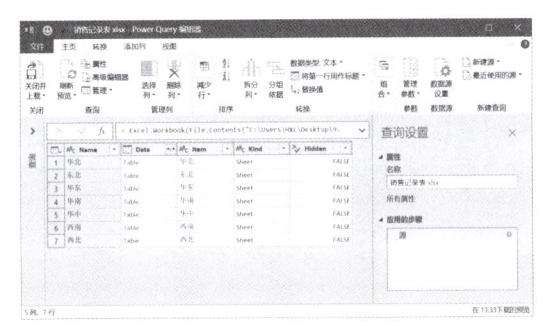

图10-11 Power Query编辑器

步骤 5 保留前两列，删除右侧的三列，如图10-12所示。

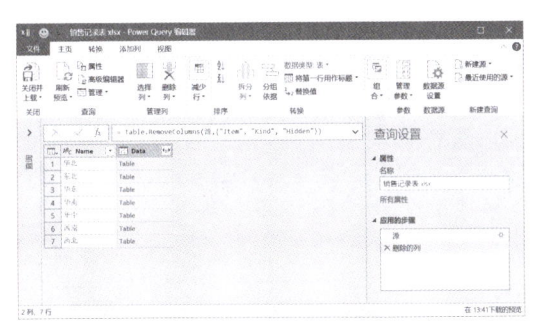

图10-12 删除右侧三列

步骤 6 单击 Data 右侧的展开按钮，打开一个筛选窗格，取消选中"使用原始列名作为前缀"复选框，如图10-13所示。

步骤 7 单击"确定"按钮，各个工作表数据展开并合并在一起，如图10-14所示的结果。

图10-13　取消选中"使用原始列名作为前缀"复选框

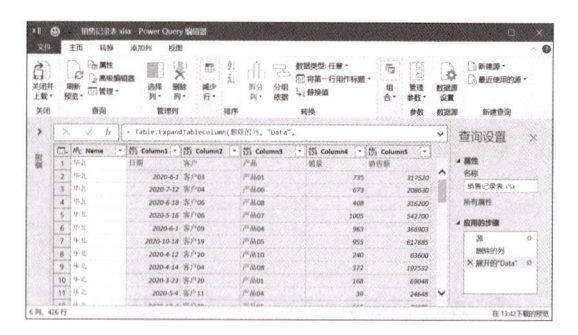

图10-14　各个工作表数据展开并合并在一起

步骤 ⑧ 单击"开始"→"将第一行用作标题"命令按钮，提升标题，如图10-15所示。

步骤 ⑨ 由于还有多余的标题，可以从某列中筛选多余的标题，如图10-16所示。

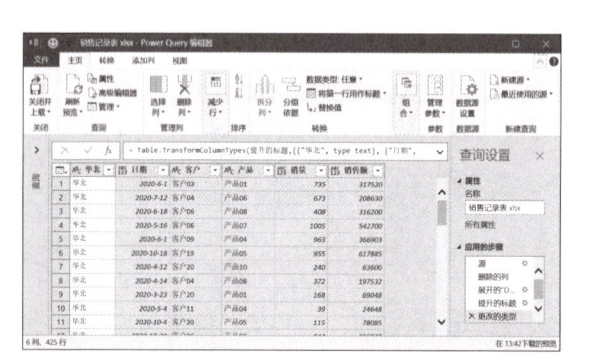

图10-15　提升标题

图10-16　筛选多余的标题

步骤 ⑩ 修改第一列的列标题名字，将默认的"华北"修改为"地区"，并将"日期"列的数据类型设置为"日期"。

这样得到源数据工作簿内几张工作表的汇总合并结果，如图10-17所示。

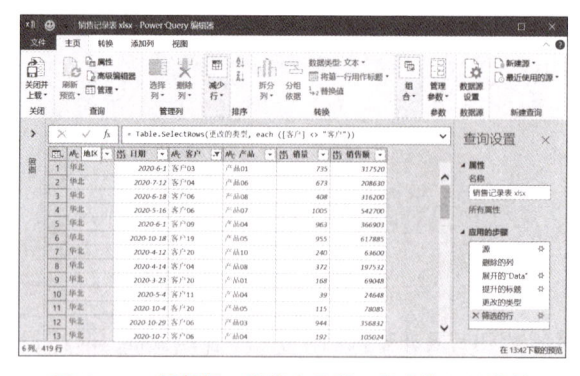

图10-17　源数据工作簿内几张工作表的汇总合并

步骤 ⑪ 最后将数据上载到 Excel 工作表即可。

使用向导合并查询的步骤较多，但理解和操作都比较容易，因此这种向导的方法更适合 Power Query 的初学者。

上述操作的 M 公式代码如下：

```
let
    源 = Excel.Workbook(File.Contents("C:\Users\HXL\Desktop\9、Power Query 数据处理之 M 函数入门与应用\案例文件\第10章\销售记录表.xlsx"), null, true),
    删除的列 = Table.RemoveColumns(源,{"Item", "Kind", "Hidden"}),
    #"展开的"Data"" = Table.ExpandTableColumn(删除的列, "Data", {"Column1", "Column2", "Column3", "Column4", "Column5"}, {"Column1", "Column2", "Column3", "Column4", "Column5"}),
    提升的标题 = Table.PromoteHeaders(#"展开的"Data"", [PromoteAllScalars=true]),
    更改的类型 = Table.TransformColumnTypes(提升的标题,{{"华北", type text}, {"日期", type any}, {"客户", type text}, {"产品", type text}, {"销量", type any}, {"销售额", type any}}),
    筛选的行 = Table.SelectRows(更改的类型, each ([客户] <> "客户")),
    重命名的列 = Table.RenameColumns(筛选的行,{{"华北", "地区"}}),
    更改的类型1 = Table.TransformColumnTypes(重命名的列,{{"日期", type date}})
in
    更改的类型1
```

案例10-3

利用 Excel.Workbook 函数，还可以一次性解决文件夹中多个工作簿合并的问题，这种合并一般都是使用向导操作，一步一步整理加工，最终完成。但是使用 Excel.Workbook 函数，可以省去很多步骤。

图 10-18 所示是一个包含 16 个工作簿的文件夹，每个工作簿中有 12 个的月工资表数据，现在要将这些工作簿数据合并到一张工作表。

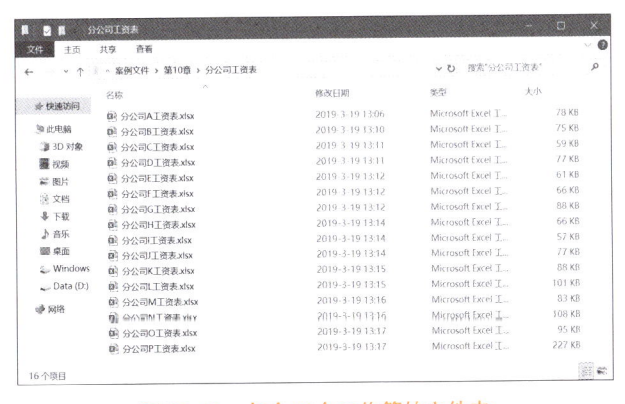

图10-18 包含16个工作簿的文件夹

此时，可以编写如下 M 公式代码，得到如图 10-19 所示的汇总结果。

```
let
```

```
    源 = Table.Combine(
        List.Transform(
        Folder.Files("C:\Users\HXL\Desktop\9、Power Query 数据处
理之M函数入门与应用\案例文件\第10章\分公司工资表\")[Content],
        each Table.Combine(Excel.Workbook(_,true)[Data])))
in
    源
```

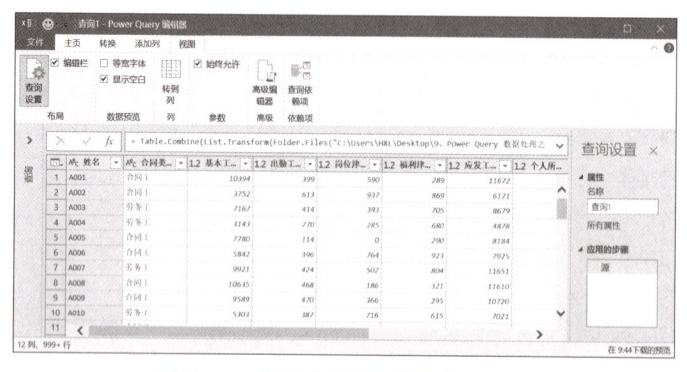

图10-19 汇总文件夹里的多个工作簿

> **注意**
> 这种合并并没有区分每个工作簿数据的分公司归属以及每张工作表的月份归属。

如果还要解决分公司和月份数据归属，还是使用向导来解决，不过，即使是使用向导，也是需要使用 Excel.Workbook 函数的。为便于读者进行对比，下面介绍使用向导合并的主要步骤。

步骤 ① 新建一个工作簿。

步骤 ② 执行"数据"→"获取数据"→"从文件"→"从文件夹"命令，然后选择文件夹，一步一步操作，进入如图10-20所示的对话框，显示出要汇总的工作簿。

图10-20 显示出要汇总的工作簿

步骤 ③ 单击"转换数据"按钮，打开 Power Query 编辑器，如图10-21所示。

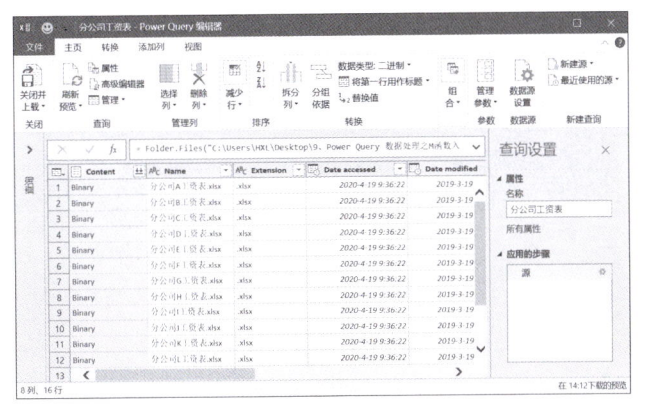

图10-21 Power Query编辑器

步骤 4 保留前两列 Content 和 Name，删除其他各列，就得到如图 10-22 的结果。

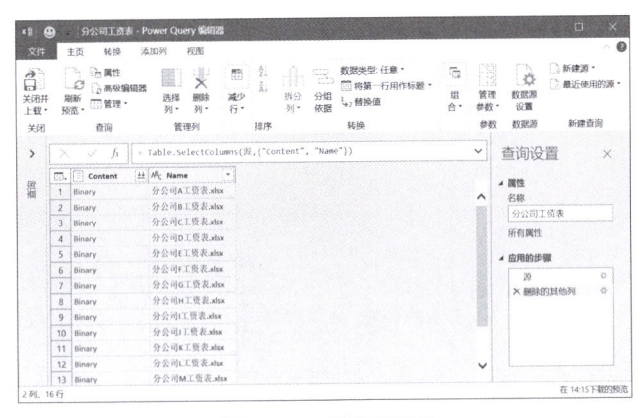

图10-22 保留前两列

步骤 5 单击"添加列"→"自定义列"命令，添加一个自定义列"自定义"，自定义列公式如下（见图 10-23）。

```
=Excel.Workbook([Content])
```

图10-23 添加自定义列

这样得到如图 10-24 所示的结果。

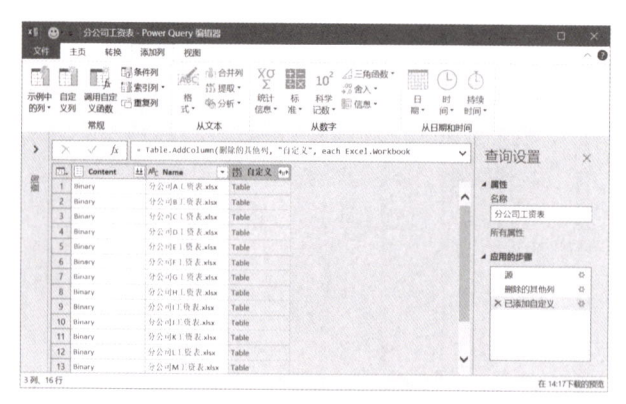

图10-24　自定义列"自定义"

步骤 6 单击"自定义"列标题右侧的展开按钮，展开选择列表，选中 Name 和 Data 复选框，取消选中其他复选框，如图10-25所示。

步骤 7 单击"确定"按钮，展开自定义列，得到如图10-26所示的结果。

图10-25　选择Name和Data选项

图10-26　展开自定义列

步骤 8 删除最左边的 Content 列。

步骤 9 单击 Data 右侧的展开按钮，展开选择列表，选择所有项目，就得到了全部工作簿的工作表数据汇总表，结果如图10-27所示。

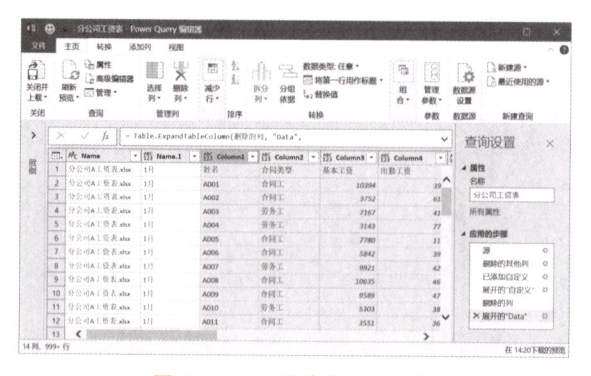

图10-27　工作表数据汇总表

步骤 10 执行"开始"→"将第一行用作标题"命令，提升标题。结果如图10-28所示。

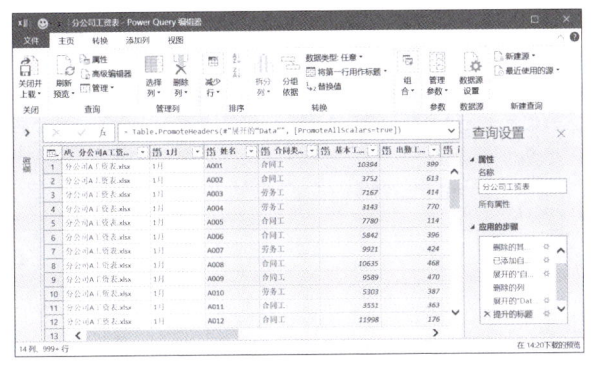

图10-28　提升标题

> **注意**
>
> 如果有默认的"更改的类型"步骤，将月份数据类型更改为"日期"，要删除这个步骤。

步骤 11 将其他多余的工作表标题筛选（因为每个表格都有一个标题行，192个表格就有192个标题行，现在已经使用了1个标题行作为标题了，剩下的191行的标题是无用的）。这样得到如图10-29所示筛选后的查询表。

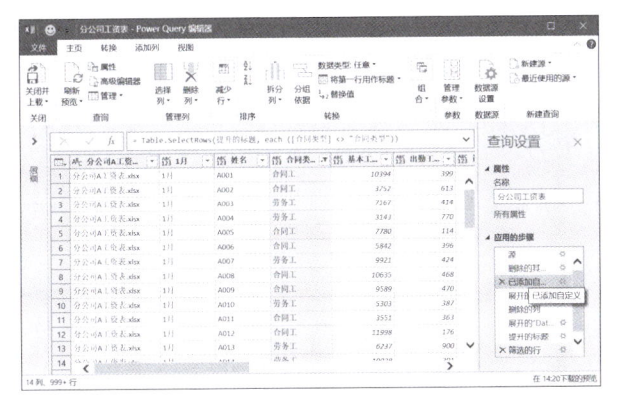

图10-29　筛选后的查询表

步骤 12 修改第一列标题为"分公司"，第二列标题为"月份"，得到如图10-30所示的结果。

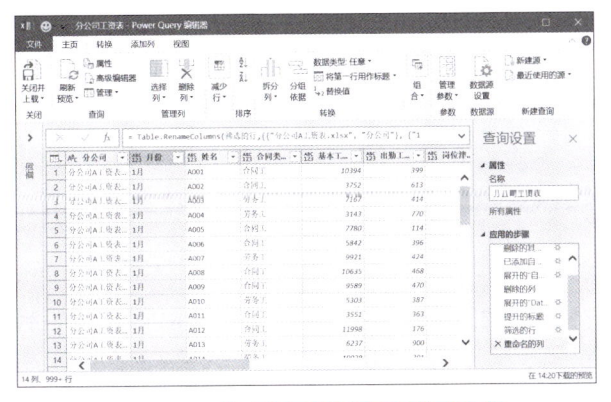

图10-30　修改前两列的标题后的查询表

第10章　数据访问函数及其应用

201

步骤 13 再选中第一列，执行"转换"→"替换值"命令，打开"替换值"对话框，在"要查找的值"输入框中输入"工资表.xlsx"，在"替换为"输入框中不输入任何值，如图 10-31 所示。

图10-31 "替换值"对话框

步骤 14 单击"确定"按钮，即得到分公司名称整理后的合并表，如图 10-32 所示。

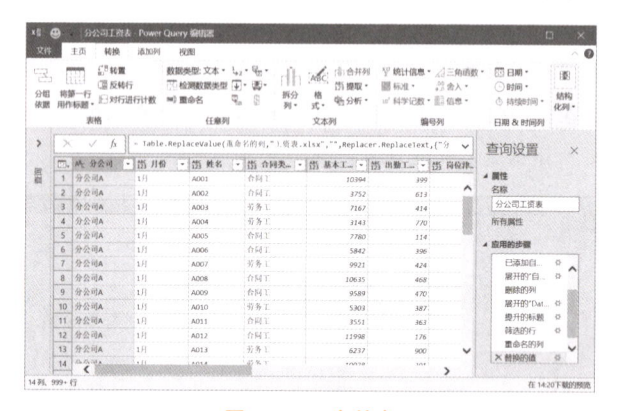

图10-32 合并表

步骤 15 单击"关闭并上载"命令按钮，将数据导入工作表，就得到 16 个分公司全年 12 个月工资表的汇总表。

上述操作的 M 公式代码如下：

```
let
    源 = Folder.Files("C:\Users\HXL\Desktop\9、Power Query 数据处理之M函数入门与应用\案例文件\第10章\分公司工资表"),
    删除的其他列 = Table.SelectColumns(源,{"Content","Name"}),
    已添加自定义 = Table.AddColumn(删除的其他列, "自定义", each Excel.Workbook([Content])),
    #"展开的"自定义"" = Table.ExpandTableColumn(已添加自定义, "自定义", {"Name", "Data"}, {"Name.1", "Data"}),
    删除的列 = Table.RemoveColumns(#"展开的"自定义"",{"Content"}),
    #"展开的"Data"" = Table.ExpandTableColumn(删除的列, "Data", {"Column1", "Column2", "Column3", "Column4", "Column5", "Column6", "Column7", "Column8", "Column9", "Column10", "Column11", "Column12"}, {"Column1", "Column2", "Column3",
```

```
"Column4","Column5","Column6", "Column7", "Column8", "Column9", "Column10", "Column11",
"Column12"}),
        提升的标题 = Table.PromoteHeaders(#"展开的"Data"", [PromoteAllScalars=
true]),
        筛选的行 = Table.SelectRows(提升的标题, each ([合同类型] <> "合同类型")),
        重命名的列 = Table.RenameColumns(筛选的行,{{"分公司A工资表.xlsx",
"分公司"}, {"1月", "月份"}}),
        替换的值 = Table.ReplaceValue(重命名的列,"工资表.xlsx","",Replacer.
ReplaceText,{"分公司"})
    in
        替换的值
```

10.3 Csv.Document函数：访问文本文件

需要查询处理文本文件数据时，可以使用菜单向导"获取数据"→"从文件"→"从Csv"（或"从文本"）命令，按照向导操作即可。这个命令实际是Csv.Document函数。

Csv.Document函数用于访问CSV格式或TXT格式的文本文件。其用法如下：

= Csv.Document(文本文件源, 分隔符, 列数, 文本编码类型, 如何处理引号, 如何处理带引号的换行符)

案例10-4

图10-33所示是一个文本文件"员工信息表.txt"，以分隔符"|"分隔各列信息数据，现在要更新这个表格，重新计算年龄和工龄。

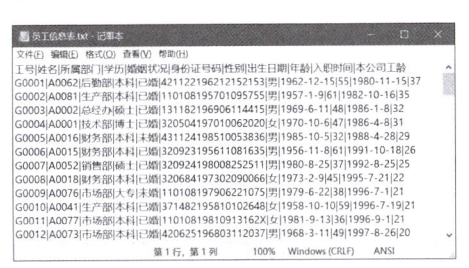

图10-33 员工信息表.txt

新建一个工作簿，然后新建一个空白查询，打开"高级编辑器"对话框，输入如下M公式代码，即可得到导入并加工整理的文本文件数据，如图10-34所示。

```
let
    源 = Csv.Document(File.Contents("C:\Users\HXL\Desktop\9、Power
Query 数据处理之M函数入门与应用\案例文件\第10章\员工信息表.txt"),[Delimiter=
"|",Encoding=936]),
    提升标题 = Table.PromoteHeaders(源),
    日期列类型 = Table.TransformColumnTypes(提升标题,
```

```
                    {{"出生日期", type date}, {"入职时间", type date}}),
    删除旧年龄工龄 = Table.RemoveColumns(日期列类型,{"年龄","本公司工龄"}),
    年龄 = Table.AddColumn(删除旧年龄工龄,"年龄",
       each Duration.Days((DateTime.Date(DateTime.LocalNow())-[出生日
期])/365)),
    工龄 = Table.AddColumn(年龄,"工龄",
       each Duration.Days((DateTime.Date(DateTime.LocalNow())-[入职时
间])/365)),
    调整列序 = Table.ReorderColumns(工龄,
         {"工号","姓名","所属部门","学历","婚姻状况","身份证号码",
         "性别","出生日期","年龄","入职时间","工龄"})
in
    调整列序
```

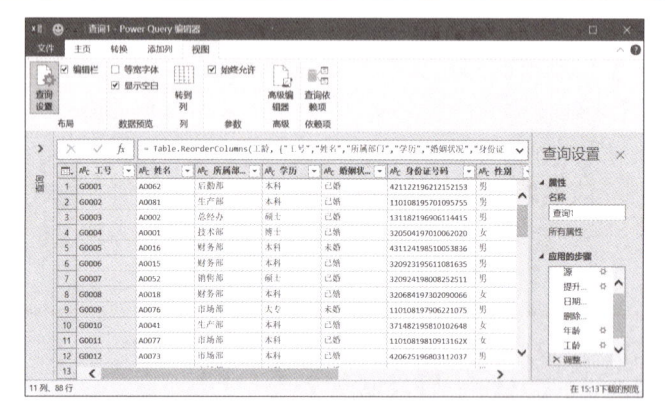

图10-34　导入并加工整理的文本文件数据

最后将数据上传到 Excel 工作表，即可得到需要的报表。